Interpretazione dell'ECG

Una guida pratica ed intuitiva per imparare a leggere l'ECG e a diagnosticare e trattare le aritmie

Nathan Orwell

Copyright © 2021 Nathan Orwell

Tutti i diritti riservati.

Questo documento è orientato a fornire informazioni esatte e affidabili in merito all'argomento e alla questione trattati. La pubblicazione viene venduta con l'idea che l'editore non è tenuto a fornire servizi di contabilità, ufficialmente autorizzati o altrimenti qualificati. Se è necessaria una consulenza, legale o professionale, dovrebbe essere ordinato un individuo praticato nella professione.

Non è in alcun modo legale riprodurre, duplicare o trasmettere qualsiasi parte di questo documento in formato elettronico o cartaceo. La registrazione di questa pubblicazione è severamente vietata e non è consentita la memorizzazione di questo documento se non con l'autorizzazione scritta dell'editore. Tutti i diritti riservati.

Le informazioni fornite nel presente documento sono dichiarate veritiere e coerenti, in quanto qualsiasi responsabilità, in termini di disattenzione o altro, da qualsiasi uso o abuso di qualsiasi politica, processo o direzione contenuta all'interno è responsabilità solitaria e assoluta del lettore destinatario. In nessun caso qualsiasi responsabilità legale o colpa verrà presa nei confronti dell'editore per qualsiasi riparazione, danno o perdita monetaria dovuta alle informazioni qui contenute, direttamente o indirettamente.

Le informazioni qui contenute sono fornite esclusivamente a scopo informativo e sono universali. La presentazione delle informazioni è senza contratto né alcun tipo di garanzia. I marchi utilizzati all'interno di questo libro sono meramente a scopo di chiarimento e sono di proprietà dei proprietari stessi, non affiliati al presente documento.

INDICE

INTRODUZIONE

Il nostro cuore rappresenta uno degli organi più importanti oltre al cervello e la sua funzione è quella di una pompa che permette al sangue di circolare per irrorare i tessuti di ossigeno e farli funzionare. In questo libro vedremo come funziona e com'è possibile interpretare diversi suoi meccanismi attraverso l'elettrocardiogramma.

L'elettrocardiogramma è uno dei presidi diagnostici maggiormente utilizzati. È il primo strumento a cui si ricorre in caso di emergenze cardiache o semplicemente per visite mediche di routine a carico del cuore. È importante ascoltare i sintomi che si avvertono i quali possono indicare dei problemi più o meno importanti a carico del cuore, sarà poi il medico ad indirizzarci verso la strada più corretta da percorrere.

Essere in grado di poter avere una visione generale d'insieme del tracciato elettrocardiografico, è di notevole aiuto per poter comprendere con maggiore immediatezza l'interpretazione data dal nostro medico di fiducia (o da quello incaricato di effettuare l'esame), ed evitare inutili ansie e preoccupazioni, spesso generate dalla poca conoscenza e familiarità con le terminologie medico-scientifiche.

L'obiettivo di questo libro non è infatti in alcun modo quello di volersi sostituire agli esperti del settore, ma semplicemente di fornire uno strumento di ausilio per familiarizzare con parole e meccanismi di esclusivo uso medico e renderle alla portata di ognuno di noi.

Inizieremo con una breve e semplificata descrizione dell'anatomia e della fisiologia del cuore, seguita dalla spiegazione dei principali meccanismi della conduzione elettrica cardiaca, alla base della registrazione del segnale elettro cardiaco. In seguito, ci addentreremo più nel dettaglio nello strumento elettrocardiografico, descrivendone la funzionalità e i singoli elementi. Vedremo la funzione degli elettrodi e come si posizionano sulla superficie corporea.

Daremo infine dei suggerimenti sulla lettura dei tracciati sia in condizioni fisiologiche sia prendendo in riferimento alle principali patologie cardiache. L'elettrocardiogramma (ECG) è infatti lo strumento di prima livello per la diagnosi di tutte quelle situazioni che causano l'alterazione dell'attività elettrica del cuore, come, ad esempio, infarto del miocardico, anomalie del ritmo cardiaco, angina, aumento del volume del cuore, malattie infiammatorie del cuore, disturbi elettrolitici, effetti sul cuore di farmaci come antiaritmici e antidepressivi. Tutte queste condizioni cliniche possono infatti causare anomalie nel tracciato elettrocardiografico.

Per una accurata ed efficace un'interpretazione dell'ECG è necessario un approccio di tipo sistematico. Infatti, l'interpretazione dell'ECG non è soltanto un esercizio di riconoscimento morfologico, ma richiede la capacità di analizzare la traccia nel suo insieme, in riferimento all'anatomia e alla fisiologia cardiaca. Attraverso questo volume ci proponiamo di dare una visione semplificata dell'intero processo di registrazione di un ECG.

CAPITOLO 1
ELEMENTI PRINCIPALI DI ANATOMIA

Il cuore è l'organo principale del sistema cardiovascolare che, attraverso il sangue circolante nei vasi sanguigni, distribuisce a tutto l'organismo le sostanze di cui ha bisogno. È un organo muscolare involontario (la sua attività di contrazione non è determinata da alcun controllo di tipo nervoso).

Si stima che, per una persona adulta, il peso si aggiri sui 250-300 grammi, con dimensioni pari a quelle di un pugno della mano. Il cuore è lungo 12-13 cm, largo 8-10 cm e spesso circa 7 cm. Batte con una media di 100.000 volte ogni giorno, e pompa ogni minuto circa 5-6 litri di sangue attraverso il corpo.

Il cuore è collocato proprio dietro lo sterno, leggermente a sinistra, delimitato nella parte sottostante dal diaframma che lo protegge dagli altri organi, si trova più precisamente nella zona mediana del torace tra i polmoni e la colonna vertebrale.

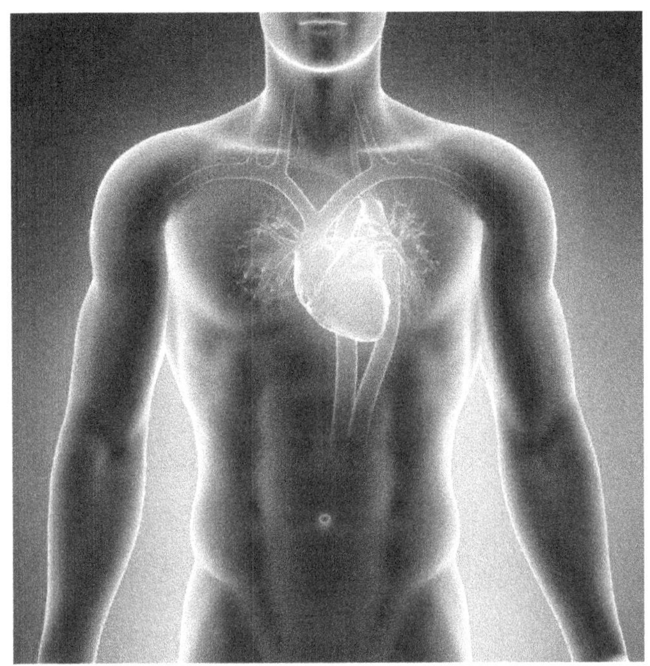

È protetto dal pericardio una spessa membrana connettivale, che protegge le radici dei principali vasi sanguigni. Il cuore ha bisogno di tutta la protezione possibile e, proprio per questo è collocato dentro la cassa toracica, attaccato alla colonna vertebrale e al diaframma con legamenti forti che lo mantengono al suo posto e lo proteggono dai movimenti. Il cuore è formato principalmente dal tessuto muscolare, la sua posizione è obliqua rispetto all'asse del corpo. Le sue pareti sono composte principalmente da tre strati: epicardio, miocardio ed endocardio.

L'epicardio è lo strato più esterno, sostanzialmente è una membrana che copre e protegge il cuore, producendo liquido lubrificante. Il miocardio è quello che comunemente viene chiamato il "muscolo" del cuore. È il tessuto che si contrae e si rilassa per produrre il battito cardiaco, spingendo il sangue attraverso il corpo. L'endocardio è uno strato di tessuto molto liscio che riveste la parte interna e previene la formazione di coaguli di sangue.

È possibile dividere il cuore in due parti, in base al tipo di sangue che vi circola: a destra abbiamo la cavità venosa, con sangue poco ossigenato, a sinistra quella arteriosa, dove circola sangue ossigenato. Ognuna di loro si suddivide in quattro parti principali chiamate camere. Queste quattro camere sono divise a loro volta in due gruppi: gli atri e i ventricoli. Le cavità del cuore sia di destra che di sinistra sono separate da due setti, quello interatriale e quello interventricolare.

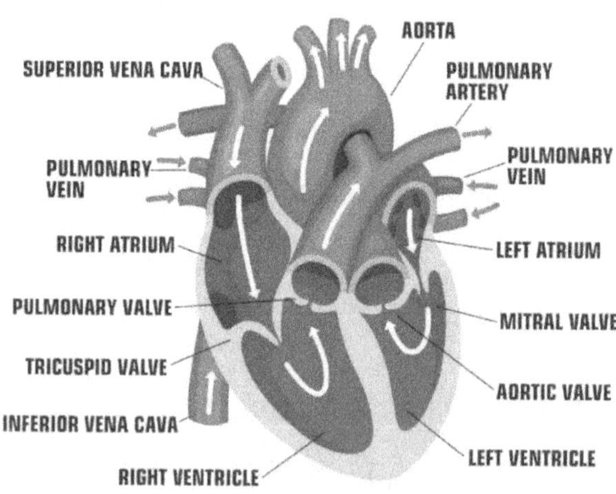

Gli atri si trovano nella parte superiore del cuore, uno a destra e l'altro a sinistra. Sono più piccoli dei ventricoli e fungono da camera ricevente per il sangue che ritorna nel cuore, mentre i ventricoli spingono il sangue fuori nel corpo. Più precisamente, il sangue ricco di ossigeno viene pompato attraverso l'atrio di sinistra nel corpo. Una volta che il sangue ha depositato l'ossigeno in altre parti del corpo, viene pompato nell'atrio destro dove viene riciclato.

I ventricoli si trovano sul fondo del cuore e sono spesso considerati come le sue camere principali che raccolgono il sangue dall'atrio sinistro e lo espellono verso i polmoni. Ci sono due anelli circolatori collegati al cuore. L'anello destro fa circolare il sangue verso i polmoni, mentre l'anello sinistro lo pompa fuori nel corpo.

Il sangue scorre attraverso il cuore in una sola direzione, da una camera all'altra, per mezzo delle valvole. Le valvole sono costituite da un tessuto protettivo spesso quanto un foglio di carta. Come le camere del cuore, ci sono quattro valvole cardiache collocate tra ciascuna delle quattro camere e nelle arterie e vene che conducono il sangue da e verso il cuore, durante la loro funzione si aprono e si chiudono.

Le quattro valvole cardiache, in ordine di grandezza, sono:

- la valvola tricuspide regola il flusso tra l'atrio destro

e il ventricolo destro;
- la valvola mitrale che regola il flusso tra l'atrio sinistro e il ventricolo sinistro;
- la valvola aortica che regola il flusso dal cuore verso il sistema circolatorio;
- la valvola polmonare (con tre cuspidi semilunari; 20 mm di spessore), che regola il flusso dal cuore verso la circolazione polmonare.

Le valvole controllano il flusso del sangue intorno al cuore e assicurano che l'azione di pompaggio sia efficiente. Il movimento di apertura e chiusura dipende interamente dalle variazioni pressorie intracardiache. La loro attività è semplicemente "spinta" dal flusso stesso del sangue, senza alcun tipo di controllo nervoso o muscolare. In particolari situazioni, a seguito di patologie o traumi che le danneggiano, le valvole possono essere sostituite chirurgicamente utilizzando dei sostituti artificiali o organici.

Il transito del sangue dal cuore all'organismo e viceversa, avviene attraverso un sistema articolato di vasi sanguigni, divisi in due categorie: le arterie e le vene.

Le arterie portano il sangue ricco di ossigeno dal cuore al resto del corpo. Le vene, invece, riportano il sangue deossigenato al cuore. Ci sono molte vene e arterie nel corpo umano, le principali con funzioni specifiche per la sopravvivenza dell'organismo includono:

- L'arteria polmonare che trasporta il sangue con bassi livelli di ossigeno e alti livelli di anidride carbonica ai polmoni;
- L'aorta è l'arteria più grande che è collegata al ventricolo sinistro del cuore a una rete di arterie più piccole che corrono in tutto il corpo;
- Le arterie coronarie che, partendo dall'aorta si biforcano sui due lati del cuore, destro e sinistro e, attraverso un sistema di piccoli vasi e capillari che abbracciano il cuore, irrorano di sangue l'intero organismo.
- L'arteria carotidea che fornisce sangue al viso, alla testa e al cervello;
- La vena epatica che porta il sangue lontano dal fegato attraverso un sistema di drenaggio;
- La vena cava è in realtà un grande sistema a due vasi principali che riconduce il sangue al cuore. Si divide in: vena cava inferiore, che porta il sangue dalla parte inferiore del corpo al cuore, e vena cava superiore, che porta il sangue dalla testa, dalle braccia e dalla parte superiore del corpo al cuore.

È possibile comprendere in questo sistema una circolazione "polmonare" piccola e una grande circolazione sistemica. In quella piccola, il sangue raggiunge i polmoni percorrendo l'arteria polmonare, per poi raggiungere l'atrio di sinistra e arrivare successivamente, per mezzo delle quattro vene polmonari, nel ventricolo di sinistra.

Quest'ultimo possiede una forza di contrazione più alta rispetto a quello di destra, dove si origina la circolazione sistemica. Qui grazie all'arteria aorta il sangue ossigenato viene distribuito ai tessuti, successivamente accumula l'anidride carbonica e fa ritorno verso l'atrio destro del cuore. In questo capitolo abbiamo visto i principali elementi di anatomia in modo da comprendere meglio il funzionamento e i meccanismi di questa straordinaria pompa cardiaca.

CAPITOLO 2
COME FUNZIONA IL CUORE? ELEMENTI DI FISIOLOGIA

2.1 Ciclo cardiaco

Con questo termine si fa riferimento alla progressione di momenti che vanno a formare ogni battito cardiaco. Durante questo processo le camere del cuore si contraggono e si rilassano in modo coordinato. In ogni battito il nostro cuore compie un processo complesso e questo avviene dal primo istante della nostra vita. vediamo adesso nello specifico quello che avviene in questo ciclo.

La fase di contrazione è chiamata "sistole": in questo processo, i ventricoli si svuotano nell'aorta e nelle arterie polmonari. Le valvole atrioventricolari sono chiuse e le valvole polmonari e aortiche sono aperte. La fase di rilassamento, quando il cuore si riposa e si riempie di nuovo, si chiama "diastole". Durante questo processo, che dura circa 0,5 secondi, il sangue raggiunge i ventricoli. Le valvole atrioventricolari sono aperte e le valvole polmonari e aortiche sono chiuse.

L'atrio destro e sinistro si sincronizzano nella fase sistole e diastole atriale, mentre il ventricolo destro e sinistro si sincronizzano durante la sistole e la diastole ventricolare. Un ciclo completo di questi eventi è chiamato ciclo cardiaco e si compone principalmente si tre fasi: sistole atriale e riempimento ventricolare, sistole ventricolare e fase di rilassamento isovolumetrico. Andiamo a vederle più nel dettaglio, cercando di esplorare le loro funzionalità.

Sistole atriale e riempimento ventricolare

La sistole inizia grazie ad una contrazione a livello degli atri, questo permette il riempimento dei ventricoli. In questa parte del ciclo cardiaco, la pressione nel cuore è bassa e il sangue dalla circolazione riempie passivamente gli atri su entrambi i lati. Questo culmina nell'apertura delle valvole atrioventricolari e il sangue si sposta nei ventricoli. Circa il 70% del riempimento ventricolare avviene durante questa fase. Dopo la depolarizzazione degli atri (onda P su un elettrocardiogramma [ECG]), gli atri si contraggono comprimendo il sangue nelle camere atriali e spingono il sangue residuo fuori nei ventricoli.

Quest'ultima parte della fase di riposo ventricolare (diastole) in cui il sangue è all'interno dei ventricoli, viene chiamato volume diastolico finale (EDV). Gli atri si rilassano e l'impulso elettrico viene trasmesso ai ventricoli, che subiscono la depolarizzazione (onda QRS su un ECG).

Riprenderemo i concetti di depolarizzazione e di onde elettro cardiache nei capitoli successivi in quanto hanno la loro importanza.

Sistole ventricolare

A questo punto, gli atri sono rilassati e i ventricoli iniziano a contrarsi per circa 0.4 secondi. La contrazione ventricolare porta alla chiusura delle stesse valvole atrioventricolari permettendo l'apertura di quelle semilunari. Questa contrazione causa un aumento della pressione all'interno dei ventricoli.

Quando questa pressione diventa importante a livello delle arterie fa sì che le valvole (polmonare e aortica) si aprano. Il sangue con poco ossigeno raggiunge i polmoni per ricaricarsi, mentre quello ricco raggiunge tutto il corpo per mezzo dell'aorta.

Rilassamento isovolumetrico

Siamo arrivati alla fase finale del ciclo cardiaco. Adesso i ventricoli si rilassano e il sangue che rimane nella camera è chiamato volume sistolico finale (ESV). La pressione ventricolare scende precipitosamente e, quando questo accade, il sangue nell'aorta e nel tronco polmonare rifluisce momentaneamente e le valvole aortiche e polmonari si chiudono. Questo riflusso provoca un breve aumento della pressione nell'aorta, dando un cambiamento caratteristico nella pressione del ciclo cardiaco chiamato la tacca dicroica.

Il cuore agisce come una pompa grazie al muscolo e alle valvole, quando si contrae, crea una pressione nel sangue presente nelle cavità cardiache. Durante tutto il ciclo caratteristico del suo funzionamento, la pressione nelle camere cardiache aumenta o diminuisce, influenzando l'apertura o la chiusura delle valvole, regolando così l'afflusso del sangue tra le sue camere.

La pressione nella parte sinistra del cuore è circa cinque volte più alta che nella parte destra, ma lo stesso volume di sangue viene pompato per ogni battito cardiaco.

Il ciclo del cuore può essere compreso in una sequenza di eventi basati sul principio che qualsiasi flusso di sangue attraverso le camere dipende dalla pressione, poiché il sangue fluirà sempre da una parte con alta pressione a una con bassa pressione. Il sangue nelle arterie scorre più velocemente grazie alla spinta prodotta dalla contrazione del cuore, nelle vene e nei vasi più piccoli scorre grazie alla diversa pressione presente tra le vene e i capillari.

2.2 Gittata cardiaca e stroke volume

La portata cardiaca sottintende quanto sangue viene pompato dal cuore in un solo minuto. Ogni singola pompata è chiamata gittata cardiaca. Può essere calcolata con una semplice equazione: lo stroke volume, ovvero il sangue pompato nel giro di un minuto moltiplicato alla frequenza del battito.

Innanzitutto, bisogna calcolare lo SV che è dato dalla differenza tra l'EDV (il volume di sangue rimasto nei ventricoli a seguito della diastole) e l'ESV (il volume di sangue rimasto nei ventricoli dopo la contrazione).

Facciamo un esempio pratico.

Se l'EDV è 120ml e l'ESV è 50ml, lo SV sarà:

120ml (EDV) - 50ml (ESV) = 70 ml/battito (SV).

Una volta determinato lo SV, si può calcolare il CO. Se lo SV è di 70ml e la frequenza del cuore è di 70bpm, la CO sarà:

70ml (SV) x 70bpm (frequenza cardiaca) = 4,900ml/min (CO).

La CO può variare; per esempio, aumenterà in risposta alle richieste metaboliche come l'esercizio fisico o la gravidanza o in stati patologici come l'insufficienza cardiaca. Inoltre, il CO potrebbe non essere sufficiente a sostenere le semplici attività della vita quotidiana o ad aumentare in risposta a richieste come l'esercizio fisico da lieve a moderato.

Il battito costante del cuore è controllato da una serie di tessuti nervosi specializzati che "sparano" attraverso il cuore e coordinano le azioni del battito cardiaco. Esso si compone delle seguenti strutture cardiache.

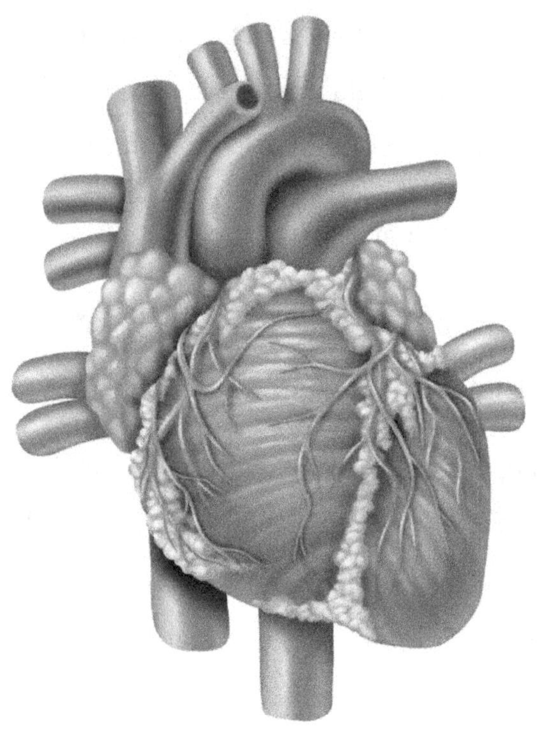

- **Nodo Senoatriale (SA):** È un pacemaker cardiaco che inizia l'impulso. Si trova anterolateralmente, appena sotto l'epicardio dove la vena cava superiore entra nell'atrio destro. L'impulso dal nodo senoatriale si diffonde attraverso il miocardio degli atri destro e sinistro, ed è anche rapidamente trasmesso al nodo atrioventricolare;

- **Nodo atrioventricolare (AV):** questo nodo si trova nella porzione posteriore e inferiore del setto interatriale, vicino all'apertura del seno coronarico nell'atrio destro. Da lì il segnale viene trasmesso ai ventricoli da un fascio di nervi chiamato fascio atrioventricolare.

- **Fascio atrioventricolare:** questo fascio di nervi va dal nodo atrioventricolare ai ventricoli lungo il setto interventricolare. Si divide in rami del fascio destro e sinistro che corrono in profondità nell'endocardio per diventare i rami subendocardici. I rami sub endocardici si dividono in: rami subendocardici del fascio destro, che stimolano il setto interventricolare, il muscolo papillare e la pareteventricolare destra, e rami subendocardici del fascio sinistro che stimolano invece il setto interventricolare, il muscolo papillare e la parete ventricolare sinistra.

Un principio fisiologico ai cardini della funzione cardiaca è la legge di Frank-Starling, che propone che il fattore critico che influenza lo SV è il precarico, cioè il sangue che va dalla circolazione di ritorno nel cuore durante il suo riempimento.

La quantità di precarico determina quanto sangue può lavorare il cuore (il CO) e influenza lo stiramento e la tensione sulle singole cellule muscolari che compongono le fibre cardiache. Lo SV aumenta in risposta al precarico. Come risultato del riempimento, la salita della pressione nei ventricoli aumenta lo stiramento delle fibre muscolari cardiache.

Questo stiramento culmina in un aumento della contrattilità del cuore e in un aumento della CO. Fino a un certo limite fisiologico, il precarico e la contrattilità del cuore sono correlati positivamente. Questo spiega come l'esercizio possa migliorare le prestazioni cardiache.

Molti ormoni e sostanze chimiche possono influenzare la contrattilità del cuore. I fattori che aumentano la contrattilità, come l'adrenalina e la tiroxina, si dice che abbiano un effetto inotropo positivo. Al contrario, i fattori che diminuiscono la contrattilità, come i bloccanti del calcio, si dice che abbiano un effetto inotropo negativo sul cuore.

2.3 Sistema nervoso autonomo e attività cardiaca

Il cuore è innervato dai nervi autonomi dei plessi cardiaci superficiali e profondi. Il plesso cardiaco profondo si trova sulla biforcazione della trachea, e il plesso cardiaco superficiale si trova sotto l'arco dell'aorta.

Il sistema nervoso autonomo è formato da una catena ripetuta di due neuroni (il neurone presinaptico e il neurone postsinaptico) che va dal sistema nervoso centrale fino al cuore. Le fibre simpatiche presinaptiche si diramano dai primi cinque o sei segmenti toracici del midollo spinale, entrano nei tronchi simpatici e "toccano" i neuroni postsinaptici, situati nei gangli cervicali e toracici superiori, avviando un processo di sinapsi. Le fibre dei neuroni postsinaptici si uniscono al plesso cardiaco e terminano sul nodo SA, sul nodo AV, sulle fibre muscolari cardiache e sulle arterie coronarie.

La stimolazione simpatica aumenta il battito, la contrazione e la dilatazione delle arterie coronarie. L'innervazione parasimpatica al cuore è fornita dal nervo vago. Le fibre parasimpatiche presinaptiche del nervo vago si uniscono alle fibre simpatiche postsinaptiche nel plesso cardiaco. I neuroni parasimpatici postsinaptici si trovano nei gangli intrinseci (all'interno della parete del cuore) e terminano sul nodo SA, sul nodo AV e sulle arterie coronarie. La stimolazione parasimpatica ha l'effetto opposto alla stimolazione simpatica.

2.4 Esame clinico

L'esame clinico del cuore richiede diverse fasi in una sequenza ordinata di ispezione, palpazione e ascoltazione, partendo dalle mani del paziente. Si deve valutare attentamente il polso (se è forte/debole/lento a salire), la sua frequenza al minuto, e il ritmo (regolare o irregolare). La pressione venosa nelle vene del collo (pressione giugulare) dovrebbe essere valutata per aiutare a capire lo stato dei fluidi; può rivelare un'insufficienza nel funzionamento del cuore o una malattia delle valvole.

La palpazione della parete anteriore del torace (precordium) permette ai medici di valutare la forza del cuore: una valvola che cede può essere sentita come un brivido, mentre l'ipertrofia a carico del cuore può portare a un'ondulazione. Il battito apicale dovrebbe essere sentito per assicurarsi che sia dove dovrebbe essere, cioè sulla linea medio-clavicolare al quinto spazio intercostale. Tutte queste procedure fanno parte di un esame clinico di routine del cuore.

Durante il ciclo cardiaco, ci sono due suoni associati a ogni battito cardiaco e questi sono udibili con uno stetoscopio. Entrambi segnalano la chiusura delle valvole cardiache: il primo suono cardiaco (S1) rappresenta la chiusura della valvola mitrale e tricuspide, e il secondo suono cardiaco (S2) è generato dalla chiusura della valvola aortica e polmonare.

In certi stati fisiologici, l'ascoltazione può rivelare altri suoni cardiaci che possono richiedere ulteriori indagini. L'ascolto di ciascuna delle valvole del cuore può rivelare informazioni utili; per esempio, il mal funzionamento o il restringimento delle valvole causerà un suono indicato come "whooshing", che ricorda una sorta di mormorio.

Qualsiasi danno alla funzionalità del cuore, come, ad esempio nell'insufficienza cardiaca, può portare il liquido a risalire nei polmoni, nel qual caso l'ascoltazione può rivelare suoni come crepitii. Anche le gambe dovrebbero essere valutate per qualsiasi segno di accumulo di liquidi (edema periferico).

CAPITOLO 3
PRINCIPI DI CONDUZIONE ELETTRICA CARDIACA

3.1 L'apparato di conduzione

Il cuore si contrae in modo del tutto spontaneo mantenendo una propria ritmicità. L'attività è consentita dagli stimoli elettrici originati dal cuore che vanno a formare il sistema di conduzione. Questo sistema è formato da:

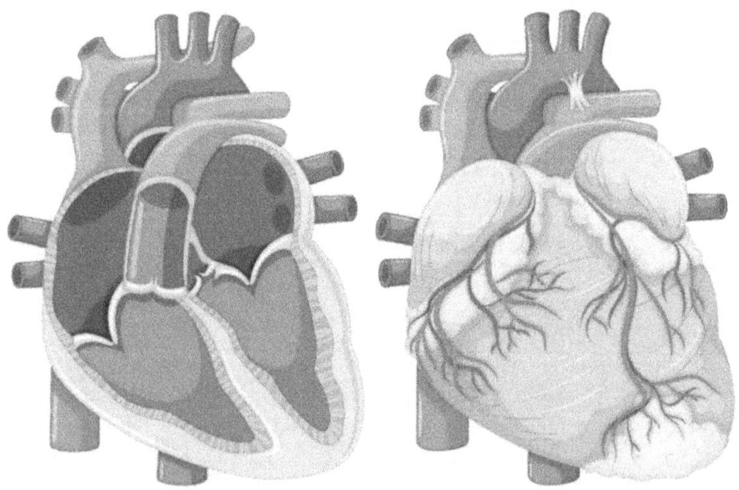

- Nodo seno-atriale (pacemaker fisiologico)
- Sistema di conduzione intraventricolare (chiamato anche fascio di His)

- Tratti internodali (conduzione atriale)
- Fibre di Purkinje
- Nodo atrio-ventricolare

Questi tessuti, alcuni dei quali vengono chiamati nodi data la loro forma che ricorda tale elemento, sono formati da fibre muscolari che si contraggono producendo uno stimolo elettrico che va ad agire sul cuore. Ad esempio, le cellule muscolari striate possiedo la capacità di contrarsi e siccome ricordano il Pacemaker, vengono definite anche come "cellule Pacemaker". Il muscolo cardiaco ha quindi la capacità di subire una depolarizzazione (cambiamento nell'eccitazione di una cellula), che porta alla contrazione delle cellule muscolari.

Nel cuore, i cambiamenti elettrici necessari per generare un impulso cardiaco sono regolati dal suo sistema di conduzione, che inizia con una sequenza di eccitazione in una zona specializzata di cellule cardiache, il nodo seno-atriale (SAN), situato nell'atrio destro. Quando il sistema funziona correttamente, stabilisce il ritmo cardiaco (ritmo sinusale) e avvia gli impulsi che agiscono sul miocardio, stimolando la contrazione cardiaca. Da qui gli stimoli vengono trasmessi al tessuto muscolare del cuore che lo fa contrarre.

L'impulso cardiaco passa quindi dal SAN agli atri, che iniziano a contrarsi, e l'impulso viene trasmesso a un'altra massa di cellule specifiche, il nodo atrioventricolare (AVN).

l'AVN è situato nel setto interatriale, una fascia di tessuto posta tra l'atrio destro e sinistro, con la sua funzione assolve ad una maggiore conduzione.

C'è un leggero ritardo (di 0,1 secondi) dell'impulso al AVN perché le fibre di quest'ultimo sono più piccole, il che dà il tempo agli atri di contrarsi e svuotarsi nei ventricoli prima che avvenga la contrazione ventricolare. L'impulso poi viaggia giù in un grande fascio di tessuto specializzato quello di His, che lo porta verso i ventricoli. Il fascio di His si divide in una parte destra e una sinistra, qui si trovano le fibre di Purkinje che raggiungono la parte bassa del cuore prima di risalire.

Le fibre di Purkinji hanno una conducibilità alta rispetto ai miocardiociti. Il nodo del seno dà il ritmo al cuore che si attesta a circa 75-80 battiti in un minuto. Esistono poi diverse ingerenze che possono determinare una variazione di questa frequenza. Si può affermare che la parte del sistema nervoso simpatico tende ad aumentare i battiti, perché al corpo serve una maggiore affluenza di sangue nei muscoli (reazione combatti o fuggi), diversamente il sistema nervoso parasimpatico rallenta il battito seguendo il principio opposto di quello enunciato in precedenza. Questi stimoli elettrici vengono poi rilevati durante l'esame dell'elettrocardiogramma (ECG).

3.2 Propagazione dello stimolo elettrico

Il cuore presenta delle somiglianze con i muscoli scheletrici e i neuroni, oltre a delle proprietà davvero uniche. Come avviene per il neurone anche la cellula miocardica ha una membrana negativa a riposo.

La stimolazione oltre un valore di soglia induce l'apertura di canali ionici voltaggio-dipendenti e un flusso di cationi nella cellula. Gli ioni caricati positivamente che penetrano nelle cellule causano la depolarizzazione caratteristica che porta all'apertura e al rilascio di ioni di calcio con una carica positiva (Ca2+). Questo afflusso di calcio libero causa la contrazione muscolare. Successivamente i canali di potassio si aprono e rilasciano ioni di potassio caricati positivamente(K+).

Ci sono delle differenze tra le cellule nodali e quelle ventricolari; le differenze specifiche nei canali ionici e nei meccanismi di polarizzazione danno origine a proprietà uniche delle cellule del nodo SA, soprattutto le depolarizzazioni spontanee necessarie per l'attività di pacemaker del nodo SA. Il ciclo di propagazione dello stimolo elettrico si compone di quattro fasi (vedremo nel dettaglio ogni singola fase più avanti):

- POLARIZZAZIONE: fase 4, ovvero, la fase di riposo.
- DEPOLARIZZAZIONE: fase 0, ovvero,

l'attivazione elettrica.

- RIPOLARIZZAZIONE: fasi 1, 2 e 3. Ovvero, il ripristino della fase negativa.
- PERIODO REFRATTARIO: ovvero, il tempo che trascorre prima della ripolarizzazione delle cellule.

Come avviene per il muscolo scheletrico, la membrana a riposo nella fase di polarizzazione delle cellule del cuore è di 80 millivolt, dentro alla membrana si assiste ad una maggiore negatività rispetto all'esterno. Gli ioni situati all'esterno della cellula quando è a riposo sono costituiti dal sodio a carica positiva (Na+), e il cloro a carica negativa (Cl-), mentre dentro alla cellula vi è una prevalenza di potassio(K+).

Quando la tensione diventa sempre più positiva, avviene la depolarizzazione grazie all'apertura dei canali di sodio che permettono l'entrata nella cellula. Dopo il periodo refrattario inizia quello d'azione, dovuto all'apertura dei canali di potassio, questo favorisce il ritorno della cellula ad uno stato negativo, noto anche come ripolarizzazione.

Il calcio è un altro ione fondamentale contenente una carica positiva (Ca2+), che si trova sia fuori che dentro la cellula, può formare dei depositi noti con il nome di reticolo sarcoplasmatico (SR). Il rilascio di Ca2+ dal SR, risulta fondamentale sia per la fase di riposo che per quella d'azione, data l'importanza nell'accoppiamento eccitazione-contrazione cardiaca. Tra le cellule esistono delle differenze fisiologiche, alcune provocano il potenziale d'azione (cellule pacemaker) e altre si limitano a condurre l'azione senza provocarla.

Tutte queste differenze compresi i loro meccanismi si ritrovano nella forma dell'onda che racchiude il potenziale d'azione. Questo potenziale d'azione del cuore non è altro se non un rapido cambiamento di tensione che si dipana dalla membrana delle cellule. Viene causato dagli ioni carichi che si muovono dall'interno verso l'esterno della cellula per mezzo delle proteine definite come "canali ionici".

Il potenziale d'azione del cuore non è uguale al potenziale presente in altre cellule con caratteristiche eccitabili, poiché non è iniziato da un'attività nervosa. A dire il vero nasce da cellule specializzate che generano lo stesso potenziale. In un cuore sano, le suddette cellule sono collocate nell'atrio destro e producono questo potenziale che ha lo scopo di contrarre la membrana della cellula stessa. Quindi, l'attività del SAN risulta intorno ai 70-100 battiti a riposo.

Ogni cellula del cuore è collegata a livello elettrico tramite delle strutture che permettono al potenziale d'azione di penetrare, questo sta a significare che le cellule atriali si possono contrarre nello stesso momento e la stessa cosa vale per quelle ventricolari.

3.3 Fasi del potenziale d'azione del cuore

Solitamente il modello più utilizzato per capire il potenziale d'azione del cuore è quello ventricolare del miocita, costituito da cinque fasi.

Fase 4: polarizzazione

Questa fase si verifica quando la cellula risulta a riposo, questo frangente temporale è conosciuto come diastole, la tensione rilevate è costante di circa -80mV. Il potenziale di riposo viene rilevato dagli ioni che convergono nella cellula e di quelli che fuoriescono, in modo che vi sia un equilibrio. La presenza di particolari struttura dette "pompe" collocate sulla membrana cellulare, consente di conservare una concentrazione costante.

Va detto che le cellule definite come pacemaker non sono quasi mai totalmente a riposo. Infatti, qui la suddetta fase è conosciuta come "potenziale di pacemaker". In questa fase il potenziale di membrana si spinge verso una maggiore positività fino a raggiungere il valore di soglia, questo fino a quando non viene depolarizzato dal potenziale d'azione di una cellula vicina.

Fase 0: depolarizzazione

In questa fase si assiste ad un cambiamento repentino della tensione proveniente dalla membrana cellulare. Il tutto avviene grazie al flusso a carica positiva. Nelle cellule non-pacemaker, questo è causato dall'attivazione dei canali Na+. Questi canali si attivano quando un potenziale d'azione arriva da una cellula vicina, attraverso le giunzioni di gap. Quando questo accade, la tensione all'interno della cellula aumenta leggermente. Se questo aumento di tensione raggiunge il potenziale di soglia; ~-80 mV può causare l'apertura dei canali Na+.

Si genera un più alto concentramento di sodio nella stessa cellula, aumentando rapidamente la tensione ulteriormente (a ~ +50 mV; quindi, in direzione del potenziale di equilibrio del Na+). Però, se lo stimolo iniziale non è forte quello di soglia non viene raggiunto, e non vi è nemmeno quello d'azione, questo processo viene definito come; "la legge del tutto o niente".

Nelle cellule pacemaker (le cellule SAN) invece, l'accrescimento della tensione di membrana è dovuto principalmente all'attivazione dei canali del calcio di tipo L. Anche questi canali dipendono da un aumento della tensione, anche se questa volta il responsabile è il potenziale di pacemaker (descritto nella fase 4) o da un potenziale in entrata. I canali L del calcio si attivano verso il termine del processo (potenziale di pacemaker). I canali del calcio di tipo L si attivano in maniera più lenta rispetto a quelli del sodio. Questo determina una forma d'onda più lieve.

Fase 1: ripolarizzazione

In questa fase si ha la de attivazione dei canali del Na+, il sodio nella cellula si riduce e i canali del potassio rivelano un'apertura e una chiusura abbastanza rapida, questo permette un'uscita del potassio che fa sì che la membrana risulti negativa. Queto processo è indicato con una tacca sulla forma dell'onda che descrive il potenziale d'azione. Non c'è una fase 1 evidente presente nelle cellule pacemaker

Fase 2: ripolarizzazione

Questa fase è anche conosciuta come la fase "plateau", dovuta al potenziale della membrana che rimane pressoché costante mentre avviene la ripolarizzazione. Tutto questo è dovuto ad un certo equilibrio, i canali del potassio lasciano la cellula mentre quelli del calcio di tipo L, permettono il movimento degli ioni nella cellula.

Gli ioni del calcio sono ritenuti i responsabili del movimento di contrazione del muscolo cardiaco. La circolazione di questi ioni permette al potenziale della membrana di rimanere costante. Questa fase risulta determinante nella prevenzione del battito irregolare oltre ad essere la responsabile della durata dello stesso potenziale d'azione. Non c'è una fase di plateau presente nei potenziali d'azione dei pacemaker.

Fase 3: ripolarizzazione

In questa fase i canali del Calcio di tipo L si chiudono, mentre i canali del potassio K+ rimangono aperti. Questo assicura un flusso positivo verso l'esterno che corrisponde alla fase negativa del potenziale della membrana.

Questa corrente positiva netta verso l'esterno causa la ripolarizzazione della cellula. Va detto che i canali di potassio si chiudono una volta che il potenziale è stato ripristinato, questo aiuta a determinare il potenziale di membrana a riposo. Le stesse pompe ioniche si occupano di ripristinare il potenziale di preazione.

Questo vuol dire che il calcio intracellulare viene pompato fuori, ricordo a tal proposito che questo elemento era responsabile della contrazione del miocita cardiaco. Una volta perso questo, la stessa contrazione perde forza e le cellule iniziano a rilassarsi, questo comporta il successivo rilassamento del muscolo cardiaco.

Durante questa fase, il potenziale d'azione si impegna nella ripolarizzazione. Nel complesso c'è una corrente netta positiva verso l'esterno, che comporta un cambiamento in negativo del potenziale di membrana. Gli stessi canali si chiudono quando il potenziale di membrana viene riportato a quello di riposo e le pompe ioniche rimangono attive per tutta la fase 4, ripristinando in questo modo lo ionio che si trova negli stadi di riposo. Questo significa che il calcio usato per la contrazione del muscolo, viene spinto al di fuori della cellula, determinando un maggiore rilassamento muscolare.

Periodo refrattario

Le cellule cardiache hanno due periodi refrattari, il primo dall'inizio della fase 0 fino a buona parte della terza fase, questo è conosciuto con il nome di periodo refrattario, durante il quale non è possibile per la cellula produrre un altro tipo di potenziale.

Questo stadio è seguito finno alla fase tre da un periodo definito come refrattario, dove si rende necessario uno stimolo maggiore per far sì che un nuovo potenziale d'azione entri in essere. I cambiamenti di sodio e potassio determinano questi due periodi refrattari. Il periodo refrattario assoluto avviene quando i canali non si aprono indipendentemente dalla forza dello stimolo,

Il periodo refrattario relativo è determinato dalla fuoriuscita di ioni di potassio, questo fatto causa la negativizzazione del potenziale di membrana, questo processo resetta i canali del sodio, aprendo lo stadio di inattivazione, pur mantenendo il canale chiuso. Non è escluso un nuovo potenziale d'azione anche se a dire il vero necessita di uno stimolo molto forte.

Le cellule cardiache dipendono dal potenziale d'azione e le alterazioni possono condurre a delle malattie importanti, tra le quali è bene menzionare l'aritmia cardiaca e in alcuni casi la morte improvvisa. L'attività del potenziale d'azione all'interno del cuore può essere anche registrata per mezzo di un ECG. Questo si compone di diversi picchi che vanno verso l'alto e verso il basso, in sostanza raffigurano la depolarizzazione quando la tensione assume un valore positivo e la ripolarizzazione quando avviene l'opposto. Vedremo nel dettaglio le caratteristiche di un ECG nei capitoli successivi.

CAPITOLO 4
L'ELETTROCARDIOGRAMMA (ECG)

4.1 Definizione e cenni storici

L'elettrocardiogramma (ECG) consiste nella rilevazione dell'attività elettrica del cuore che viene tracciata attraverso l'impiego di appositi elettrodi che vengono posti su specifiche aree del torace.

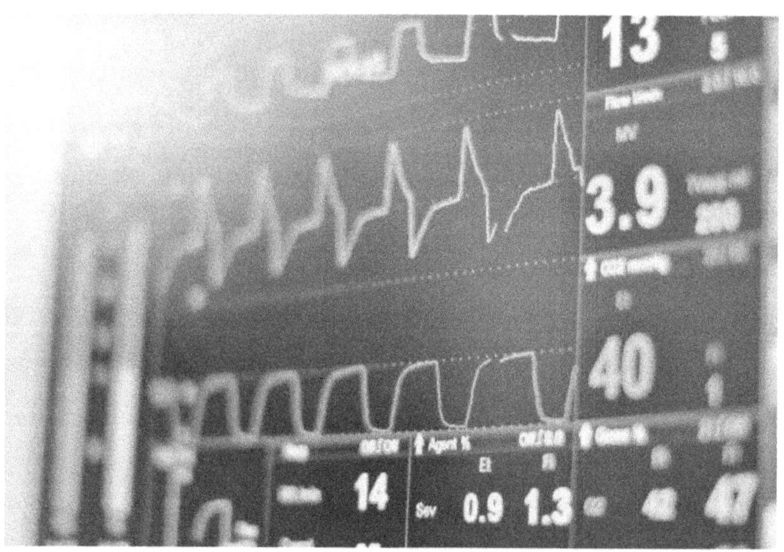

L'ECG costituisce la diagnosi più diffusa per quanto riguarda le aritmie del cuore, attraverso questa analisi vengono identificate le anomalie del ritmo o dell'impulso elettrico che viene generato. È importante specificare da subito che l'ECG fornisce informazioni soltanto sull'attività elettrica del nostro cuore e non su quella meccanica. L'ECG moderno fu introdotto e messo a punto con le nomenclature attuali da Einthoven, e per questa ragione gli venne riconosciuto il Premio Nobel per la medicina nel 1924.

Tuttavia, la prima scoperta, propedeutica allo sviluppo dell'ECG, avvenne sul finire del XVIII secolo a Bologna quando, il fisiologo italiana Luigi Galvani osserva per primo il prodursi di cariche elettriche nei nervi e nei muscoli della rana. Soltanto un secolo dopo, queste osservazioni furono trasferite sull'uomo con la scoperta che il cuore era in grado di generare impulsi elettrici.

Il primo a tradurre graficamente l'attività elettrica cardiaca attraverso un tracciato rudimentale fu Augustus Desirè Waller al St Mary's Hospital di Paddington, a Londra. Ma fu solo nel 1911, grazie a Willem Einthoven, che questo tracciato divenne uno strumento applicabile alla realtà clinica. Einthoven non si limita a sviluppare e mettere a punto lo strumento, ma è anche colui che darà vita alla nomenclatura delle onde e delle derivate conosciute e utilizzate ai giorni d'oggi su scala internazionale.

4.2 Strumenti

Lo strumento che registra e traccia il segnale elettrico

cardiaco si chiama elettrocardiografo, ed è composto da un corpo centrale che registra il segnale raccolto dagli elettrodi posti sul torace, ed è collegato con dei cavi ad un computer e una stampante. Al giorno d'oggi sono disponibili sul mercato molto modelli più o meno automatizzati e sofisticati.

Queste registrazioni elettrocardiografiche vengono tracciate su una carta specifica millimetrata. La carta millimetrata che viene utilizzata è un supporto fondamentale per l'ECG, apparentemente semplice, ma invece ricca di informazioni e caratteristiche:

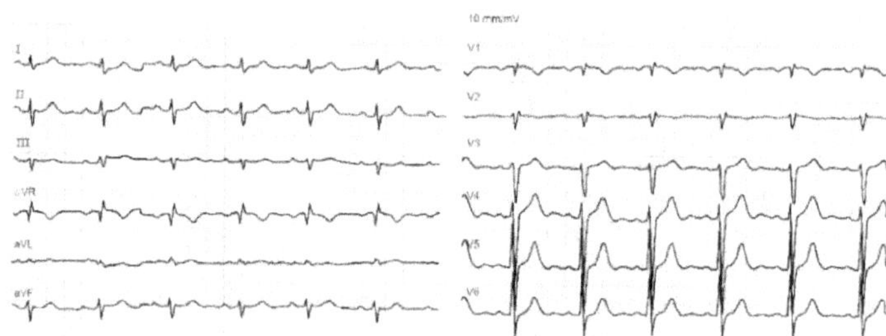

- i quadratini piccolo misura 1x1 mm;
- i quadratini grandi corrispondono a 5 mm;
- Sull'asse verticale viene misurata l'ampiezza, che è determinata dalla forza del segnale elettrico, espressa poi come voltaggio in milliVolt (mV). Ogni quadratino piccolo corrisponde a 0,1 mV (e quindi, ogni 10 quadratini della dimensione di 1 cm,

corrispondono a 1 mV);

- Sull'asse orizzontale viene rappresentato la velocità misuratain millimetri al secondo (mm/sec) di registrazione. Ogni quadratino coincide a circa 0,05 secondi;

- La velocità standard di scorrimento della carta è di circa 25mm/sec.

Questi valori rappresentano lo standard più comune usato in cardiologia. Tuttavia, possono essere modificati per effettuare delle valutazioni più approfondite o in specifici contesti clinici. La carta millimetrata è quindi formata da tanti quadratini, raggruppati poi in quadrati di misura 5x5 che vanno a comporre una serie di quadrati. Come abbiamo detto in precedenza, un quadratino corrisponde a 0,05 secondi di registrazione della attività elettrica.

Per ultimo, le linea isometrica del tracciato ECG, viene considerata come l'evento neutro. In altre parole, tutte i segni registrati nella parte superiore della linea sono riconducibili ad alcuni vettori vicini all'elettrodo. Invece, quello che c'è sotto alla linea isoelettrica identifica i vettori che si allontanano dall'elettrodo. Prima di registrare il tracciato EGC è sempre consigliato fare almeno una taratura sull'elettrocardiografo per lavorare con delle misure corrette che rispettino gli standard. Generalmente viene verificata la velocità di scorrimento e si procede con la calibratura.

Quest'ultima si avvia con un tasto dedicato sull'elettrocardiografo a questo punto è possibile vedere sul tracciato una deflessione. L'ampiezza di tale deflessione deve essere uguale a 1mV (uguale quindi a 1 cm, pari a dieci quadratini piccoli). Il segnale che si genera dalla calibrazione deve sempre essere presente su un tracciato ECG.

Il principio alla base della misurazione elettrica del cuore si svolge in questo modo; la comparsa di impulsi elettrici nella zona del miocardio genera dei movimenti nel potenziale, questi vengono registrati attraverso gli elettrodi. I liquidi presenti nel corpo permettono una maggiore conducibilità che viene rilevata dagli elettrodi a contatto con la pelle. Se si desidera capire il funzionamento del cuore, la sua attività elettrica o ci sono delle alterazioni da approfondire, il tracciato si rivela lo strumento di diagnostica più appropriato.

L'aspetto del tracciato ECG si rivela costante, è possibile affermare che varia quando ci sono dei problemi o delle alterazioni a carico del cuore. Sul tracciato è possibile vedere dei segni grafici che comunemente vengono definiti come onde, queste possono avere un valore positivo o negativo. Il loro valore è determinato dalla posizione, se stanno sopra la linea isoelettrica sono positive, se diversamente si collocano sotto vengono considerate come negative. La loro alternanza genera delle figure semplici o complesse che tendono a ripetersi ad ogni ciclo del cuore.

4.3 Morfologia di un ECG

Abbiamo visto come la contrazione del muscolo cardiaco, dà origine a degli impulsi elettrici definiti con il termine depolarizzazioni, che vengono poi registrati dagli elettrodi che si trovano a contatto con la pelle. Per garantire la corretta riuscita di questo esame è importante che il soggetto rimanga in posizione sdraiata e senza alcuna tensione, questo serve ad evitare la contrazione dei muscoli scheletrici e per consentire la visualizzazione delle contrazioni del cuore.

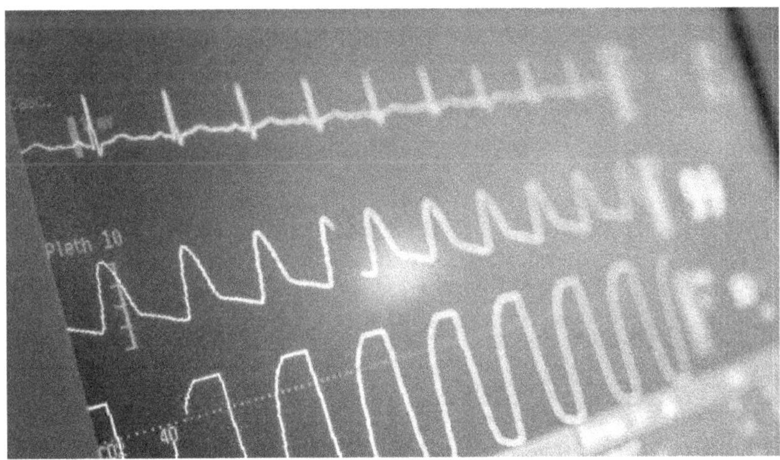

Gli atri sono dotati di una massa muscolare piccola, le contrazioni che ne conseguono risultano deboli. Queste generano sul tracciato un'onda che viene chiamata di tipo P. I ventricoli sono dotati di una massa muscolare maggiore, quando avviene la contrazione sul tracciato si produce un'onda più ampia, che viene indicata come complesso QRS. Quando si trova nello stato di riposo, produce invece sull'ECG quella che è nota come onda T. Quindi, sul tracciato elettrocardiografico vengono registrate tutte le fasi del potenziale di membrana che abbiamo visto nel capitolo precedente:

- una prima fase definita con il termine di depolarizzazione;
- una fase che corrisponde all'onda P visibile sul tracciato;
- una fase che corrisponde al QRS visibile sul tracciato;
- una fase di ripolarizzazione che corrisponde al segmento ST e all'onda T sul tracciato elettrocardiografico.

Le lettere utilizzate nell'osservazione del tracciato "P, Q, R, S e T", non hanno un significato legato al momento della loro scelta, in quanto è avvenuta in maniera casuale da parte dello stesso Eindhoven. Le lettere "P, Q, R, S e T" risultano classificabili come singole onde; l'insieme formato dalle onde "Q, R e S" va a costituire un complesso e l'intervallo, tra l'onda S e l'onda T, e viene denominato tratto ST.

Nel tracciato è presente anche la linea isoelettrica, questa è una linea retta dove durante la misurazione dell'attività elettrica si producono delle onde sopra o sotto la stessa linea, queste avranno una natura positiva o negativa a secondo della loro posizione, tutto quello che viene registrato sopra è positivo e tutto quello che viene registrato sotto è negativo. Ma andiamo a vedere più nel dettaglio le caratteristiche della struttura.

Onda P

L'onda P è la prima che si manifesta perché sottintende il periodo di depolarizzazione che precede la stessa contrazione. Gli atri non dispongono di una contrazione potente è questo è il principale motivo alla base delle piccole dimensioni di quest'onda. La durata si attesta dai 0,05 fino ai 0,11, l'ampiezza risulta inferiore ai 2,5 mm. Il voltaggio che si registra varia da 0,01 a 0,04 mV.

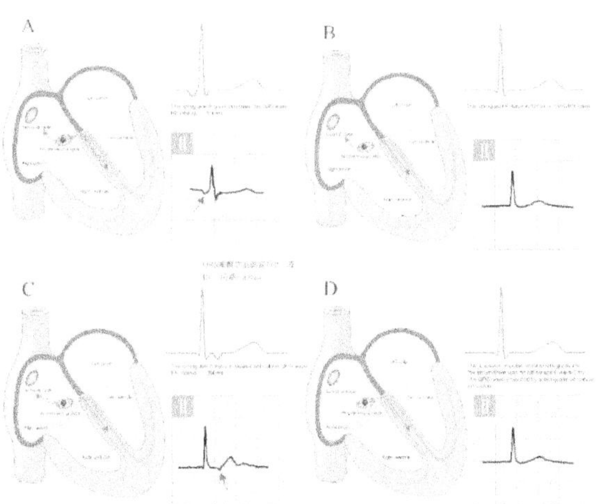

Mechanism of junctional retrograde P wave

The junctional impulse can retrograde into the atrium and produce retrograde P wave.
If it cannot retrograde into the atrium, no retrograde P wave will be produced.

Intervallo PQ

L'intervallo PQ (chiamato anche intervallo PR) si calcola da quando inizia l'onda P fino alla comparsa del QRS. In sostanza rappresenta il tempo di propagazione impiegato dall'onda, dai vari nodi fino a raggiungere il muscolo atriale, per completare il circolo e successivamente iniziarlo nuovamente.

La sua durata si attesta tra i 0,11 e i 0,20 e le variazioni dipendono in gran parte dalla frequenza del cuore. La durata dell'intervallo sottintende l'esecuzione di tutto il processo, se si dovesse notare una durata troppo corta ci potrebbero essere delle anomalie relative alla conduzione che parte dagli atri fino ai ventricoli.

Complesso QRS

Il complesso QRS è formato da tre onde e corrisponde sul tracciato alla fase di depolarizzazione del cuore. A livello fisiologico coincide al momento in cui l'impulso elettrico arriva al nodo AV e, successivamente, si propaga fino alle fibre di Purkinje, passando per His (fascio) e per le branche destra e sinistra.

- L'onda Q ha una natura negativa, le sue dimensioni sono piccole;
- l'onda R è caratterizzata da un picco elevato di natura

positiva;

- L'onda S ha una natura negativa e le sue dimensioni risultano piccole.

Si misura quando inizia il QSR fino alla fine al punto definito come J. Va detto che qualsiasi anomalia a livello di conduzione è in grado di rallentare lo stesso QRS. Oltre alla depolarizzazione si verifica anche il processo opposto, ovvero la ripolarizzazione che fa tornare le cellule allo stato iniziale. Quest'onda di ripolarizzazione non è presente sul tracciato perché viene messa in ombra dal processo di QRS.

Tratto ST

Questo tratto si manifesta tra la fine del QRS e l'inizio dell'onda T, coincide con il punto J, pertanto in questa fase non è possibile registrare l'attività elettrica, l'oscillazione massima rilevata, sia in positivo sia in negativo è di 1 millimetro.

Onda T

Quest'onda segnala l'avvento della ripolarizzazione a livello ventricolare, avviene sempre dopo il QRS e mantiene la medesima direzione. Se risulta invertita rispetto al complesso QRS può indicare un problema.

Ad esempio, un'onda T negativa con un QRS positivo è visibile in pazienti che hanno avuto una recente ischemia miocardica. Si presenta con picco leggermente arrotondato, inoltre, può anche avere un valore anche molto piccolo. Il suo voltaggio si aggira solitamente intorno ai 0,2-0,3mV. A seguire l'onda T, a volte ci può essere l'onda U.

Onda U

È un'onda ancora poco conosciuta e che non sempre è visibile in un tracciato ECG. È stata associata a disturbi della conduzione e ad alterazioni elettrolitiche che causano sindromi note come ipo o iperpotassemia e ipo o ipercalcemia.

Intervallo QT

Questo intervallo indica il tempo tra il QRS e l'onda T. In altre parole, raffigura il processo della sistole elettrica. La sua durata è notevolmente influenzata dai battiti del cuore. Quindi, a frequenze cardiache più elevate corrispondono durate dell'intervallo QT più basse.

Occorre quindi fissare dei limiti di normalità che si ottengono applicando al valore assoluto una correzione in base alla frequenza cardiaca. Per effettuare tale correzione viene di solito utilizzata una formula matematica specifica chiamata correzione di Bazett. In condizioni fisiologiche i ritmi si mantengono comunque tra 0,35 e 0,47 secondi, con valori leggermente più alti per le donne in confronto agli uomini.

4.4 Registrazione di un ECG

Tutti i segnali elettrici derivanti dall'attività cardiaca vengono registrati e raccolti da ben 5 elettrodi che vengono fissati sulla superficie del corpo. Di questi cinque, quattro sono collocati su ogni arto e uno viene fissato attraverso delle ventose sul torace in posizione specifiche note come: V e vanno dall'numero uno al 6, segnate in questo modo: "V1, V2, V3, V4, V5, V6". L'elettrocardiografo registra i segnali elettrici raccolti in queste posizioni riportandoli poi sul tracciato.

La posizione di ogni elettrodo viene calcolata attraverso un sistema di assi che permette all'ECG di registrare tutti i potenziali di conduzione dell'attività cardiaca. Questo sistema di assi genera dei punti precisi chiamati derivazione.

Elettrodi e Derivazioni

Ogni derivazione registra l'attività cardiaca da un diverso punto di vista e produce, quindi, un'immagine elettrocardiografica specifica associata a quel punto. Non occorre ricordarsi nello specifico quali elettrodi corrispondono a determinate derivazioni, ma è necessario posizionare gli elettrodi in modo corretto. L'ECG, come vedremo nei capitoli successivi, è costituito da immagini specifiche e per la corretta interpretazione del tracciato, che va esaminato nel suo insieme, è necessario che gli elettrodi siano posizionati nei punti giusti.

L'elettrocardiogramma è formato da 12 derivazioni che registrano l'attività cardiaca andando ad analizzare be dodici punti diversi.

Le 12 derivazioni sono suddivise in:

- 6 derivazioni a livello periferico degli arti, di cui 3 sono unipolari e le restanti 3 bipolari6 derivazioni precordiali a livello del torace

Le derivazioni situate a livello periferico vengono indicate dalle seguenti sigle: DI, DII, DIII di natura bipolare aVR, aVL e aVF di natura unipolare. Esse registrano tutta l'attività elettrica per mezzo di elettrodi collocati sugli arti (braccia e gambe) e sul torace, va segnalato che l'elettrodo posizionato sulla gamba sinistra ha una natura neutra.

Le derivazioni periferiche possiedono un codice di colori internazionale in cui ad ogni colore corrisponde il punto specifico su cui l'elettrodo va applicato. I codici sono:

- Elettrodo rosso: che va posizionato sul braccio destro
- Elettrodo giallo: che va posizionato sul braccio sinistro
- Elettrodo nero: che va posizionato sulla gamba sinistra
- Elettrodo verde: che va posizionato sulla gamba destra

Gli elettrodi posti sulle braccia e sulla gamba destra formano un triangolo equilatero chiamato anche come il "triangolo di Einthoven" che vedremo nel dettaglio più avanti. Essi sono posti sui punti DI, DII e DIII che le zone periferiche bipolari dove vengono posti due elettrodi per eseguire la registrazione.

Questi due elettrodi vengono definiti nel modo seguente:

- DI: braccio destro negativo e braccio sinistro positivo. Sull'ECG in condizioni fisiologiche è una derivazione positiva caratterizzata da un'onda con una deflessione verso l'alto;
- DII: gamba sinistra positiva e braccio destro positivo. Sull'ECG in condizioni fisiologiche è una derivazione positiva caratterizzata da un'onda con una deflessione verso l'alto;
- DIII: gamba sinistra positiva e braccio sinistro negativo. Sull'ECG in condizioni fisiologiche è una derivazione positiva caratterizzata da un'onda con una deflessione verso l'alto.

Questi punti "unipolari" vengono rilevati con gli stessi elettrodi utilizzati per quelli "bipolari", ma esplorano e registrano l'attività elettrica dal torace fino a percorrere il triangolo di Einthoven. Vengono definite unipolari perché si servono di un'unica derivazione.

Così facendo, L'elettrocardiografo registra l'attività elettrica del cuore dal braccio destro, e poi dal braccio sinistro fino dalla gamba sinistra, sono conosciute come; aVR, aVL, aVF in questo caso la lettera "a" sta ad indicare "aumentate", cioè che tutti i segnali elettrici registrati sono amplificati; V indica il voltaggio, mentre le lettere R, L ed F gli arti a cui sono collegati gli elettrodi (rispettivamente braccio destro, braccio sinistro e gamba sinistra).

L'elettrodo positivo che viene posto sull'arto è denominato anche con l'espressione "esplorante", gli altri due avendo polo negativo sono denominati "indifferenti". Quindi schematizzando:

- aVR: elettrodo esplorante collegato al braccio destro ed elettrodo indifferente collegato al braccio e alla gamba sinistra;
- aVL: elettrodo esplorante collegato al braccio sinistro ed elettrodo indifferente collegato al braccio destro e alla gamba sinistra;
- aVF: elettrodo esplorante collegato alla gamba sinistra ed elettrodo indifferente collegato al braccio destro e sinistro.

In un comune ECG in condizioni fisiologiche normali, le derivazioni aVL e aVF sono positive, quindi con deflessione verso l'alto. La derivazione aVR è negativa (con un'onda con deflessione verso il basso, questo si spiega grazie al fatto che la registrazione viene fatta in senso contrario rispetto alla direzione del flusso di corrente che percorre il cuore nelle sue funzioni.

Le derivazioni precordiali invece sono indicate come: "V1, V2, V3, V4, V5 e V6". Per eseguire queste registrazioni vengono impiegati degli elettrodi a livello del torace dotati di apposite ventose. Come per le derivazioni degli arti anche qui si ha il polo positivo. Nello specifico i punti;

- V1 e V2 si trovano vicino al setto interventricolare;
- V3, V4, V5 e V6 si trovano vicino al ventricolo sinistro.

I punti V1 e V2 risultano prevalentemente negative perché si trovano vicino alla base del cuore, precisamente nella direzione della corrente elettronegativa per quasi tutto lo stadio di depolarizzazione. Diversamente, le derivazioni a sinistra V5 e V6 sono positive in quanto gli elettrodi sono posizionati vicino all'apice cardiaco che, durante la ripolarizzazione, è attraversando dall'onda di corrente elettropositiva. Anche i punti precordiali hanno un preciso codice riconosciuto a livello internazionale che è associato ad un colore;

- V1: rosso, posizionato in corrispondenza del quarto spazio intercostale verso destra;
- V2: giallo, posizionato in corrispondenza del quarto spazio intercostale verso sinistra;
- V3: verde, posizionato nello spazio tra V2 e V4;
- V4: marrone, posizionato in corrispondenza del quinto spazio intercostale;
- V5: nero, posizionato in corrispondenza del quinto spazio intercostale verso sinistra;
- V6: viola, posizionato in corrispondenza del quinto spazio intercostale verso sinistra.

Il triangolo di Einthoven

La posizione degli elettrodi sulle braccia e su una gamba forma quello che viene comunemente chiamato: il triangolo di Einthoven.

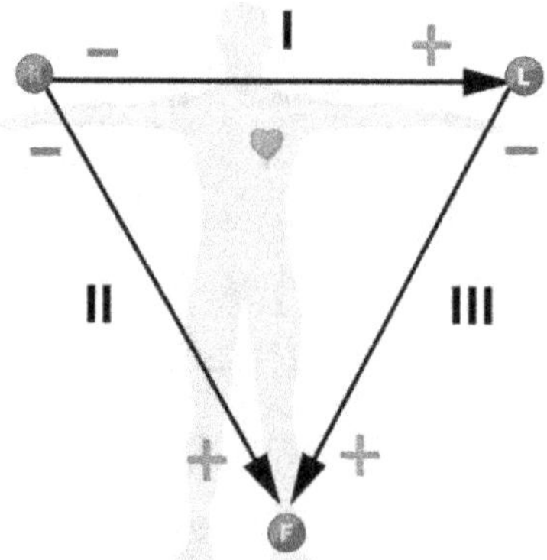

Il triangolo come annunciato in precedenza ha una forma equilatera, lo stesso Einthoven affermava che il cuore si trovasse proprio al centro di un campo elettrico prodotto dal cuore stesso. Per questa ragione il cuore rappresenta il punto centrale di questo triangolo.

La legge di Einthoven afferma che la somma di questi punti è uguale in ogni specifico momento e di conseguenza è necessario utilizzare un elettrodo positivo. L'elettrico negativo che deriva dalle altre derivazioni: "DI, DII e DIII" da una somma che equivale a zero. Queste derivazioni vengono anche definite "aumentate" perché di prassi si aumenta la loro ampiezza del 50% rispetto a quelle degli arti per poterle leggere meglio. In queste derivazioni, l'attività cardiaca è registrata sul piano frontale.

Nello specifico;

- aVR non indica dei segni particolari
- aVL registra l'attività elettrica che corrisponde alla parete laterale
- aVF registra l'attività elettrica che corrisponde alla parete inferiore.

CAPITOLO 5
COME SI LEGGE UN ECG

Una volta effettuato un ECG, dobbiamo metterci nella condizione di saper leggere la traccia registrata. Per fare ciò dobbiamo ricordare che una buona lettura non si limita a valutare e riconoscere ogni singola struttura del tracciato, ma ciò che maggiormente conta è la capacità di dare una valuta nell'insieme del tracciato stesso.

Questo, tuttavia, non vuol dire che l'interpretazione si presta a interpretazioni individuali e soggettive, significa applicare un metodo di lettura che, partendo dai singoli dettagli ci porti poi ad un'interpretazione integrata e unitaria. Esiste un protocollo chiara e abbastanza standard di quelli che sono i punti principali e le valutazioni da effettuare quando ci si approccia alla lettura di un ECG. E nello specifico è necessario considerare: la frequenza e il ritmo, l'asse cardiaco, le onde P e Q, gli intervalli, il complesso QRS e ST. Andiamo a vedere ogni componente nel suo dettaglio.

5.1 Frequenza e Ritmo

La frequenza del cuore umano si attesta tra i 60 e i 90/100 battiti in un minuto, chiamati anche bpm. Quando si supera la soglia dei cento battiti al minuto si inizia a parlare di tachicardia, diversamente un valore sotto ai sessanta sottintende la bradicardia, (vedremo più avanti nel dettaglio le alterazioni di ritmo e frequenza).

Per calcolare la frequenza cardiaca è sufficiente, se non si ha troppa familiarità con i parametri della carta millimetrata del tracciato, avvalersi di un semplice righello e misurare le dimensioni dei singoli quadratini in relazione alle strutture registrate. In assenza di righello si può applicare quello che viene chiamato Metodo RR. È un procedimento semplice, ma accurato e applicabile soltanto a ritmi regolari.

Si inizia prendendo come riferimento il QRS partendo da un'onda R che presenta una linea più marcata sul tracciato. Se l'onda R del successivo complesso QRS si attesta sulla prima linea scura (i primi cinque quadratini), tenete presente che la frequenza si attesterà a 300 bpm. Se invece l'onda R del QRS si posiziona sulla seconda linea scura (circa 10 quadratini), la frequenza sarà di circa 150 bpm.

L'analisi può continuare osservando lo stesso metodo di rilevazione. In pratica viene considerata come frequenza la successione numerica che parte da 300 e arriva a 50 (questi sono gli intervalli: 300, 150, 100, 75,60 e 50) e corrisponde ad ogni linea successiva alla prima (ogni linea occupa circa cinque quadratini).

Un altro metodo è quello di contare i QRS mantenendo un intervallo di circa sei secondi, moltiplicando poi il risultato per dieci. Quest'ultimo metodo è da ritenersi valido solo quando il ritmo cardiaco è regolare e non presenta particolari anomalie. Per i ritmi con delle irregolarità è sempre necessario effettuare un conteggio di sessanta secondi.

Un metodo leggermente più tecnico è quello di dividere il numero che risulta, nel nostro caso 300 per il numero dei blocchi più grossi. Questo perché il numero 300 si riferisce a un minuto sul tracciato. Alla fine, quello che ci interessa è stabilire se la frequenza è lenta, è veloce o è normale, se siamo cioè davanti a un ECG di un soggetto bradicardico, tachicardico o normale. Lo step successivo è quello di determinare della regolarità del ritmo. Si può usare a questo scopo un frequenzimetro, oppure si contano gli spazi tra il QSR o si misura la distanza che intercorre tra le onde r.

Di norma l'attività cardiaca è considerata ritmica quando l'intervallo tra le due onde R è regolare. Si può usare un foglio dove si segna con la matita il punto esatto dove cadono le onde R, verificando se le successive cadono negli stessi punti delle precedenti. Il ritmo fisiologico viene definito sinusale.

L'impulso elettrico generato dal cuore si origina nel nodo "seno-atriale" con una frequenza che va dai 60 fino ai 100 battiti al minuto. Il QRS quando è preceduto dall'onda p viene definito "normale". Detto questo ritengo opportuno sottolineare che non tutte le aritmie hanno lo stesso comportamento ci sono anche quelle che hanno un ritmo costante, come ad esempio, avviene nel flutter atriale.

5.2 Asse elettrico cardiaco

Per asse elettrico cardiaco si intende la direzione delle forze elettriche del cuore. Questa attività elettrica viene rappresentata da un vettore. L'asse mediano del cuore è rappresentato dalla somma dei vettori che fanno parte del ciclo cardiaco.

Poiché gran parte dell'attività elettrica cardiaca è rappresentata dal QRS che viene prodotto dalla depolarizzazione, è pertanto possibile definire l'asse elettrico mediano osservando questo specifico segmento.

Un altro metodo, anch'esso approssimativo, è quello di prendere come riferimento il picco dell'onda R. Per descrivere l'asse elettrico cardiaco più accuratamente, è necessario osservarlo nelle tre dimensioni X, Y, e Z. Questo processo viene effettuato utilizzando le 12 derivazioni standard.

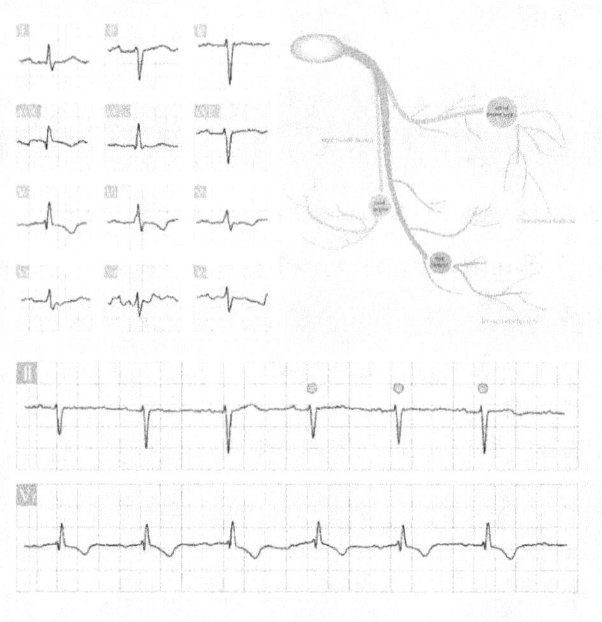

Trifascicular block

Third degree right bundle branch block, Second degree type I left anterior fascicular block and first degree left posterior fascicular block

Come abbiamo detto in precedenza, una modalità per definire l'asse elettrico mediano è rappresentato dalla definizione dell'onda R, dalla prima derivazione e dalla terza. Per ottenere questo è necessario disegnare l'angolo retto partendo dall'asse della derivazione. Successivamente dobbiamo determinare il punto in cui avviene l'intersezione. E infine si può disegnare un vettore che rappresenta il punto 0 dove coincide l'intersezione.

La direzione di questo vettore andrà a fornire un'approssimazione dell'asse elettrico mediano del nostro cuore. La lunghezza dello stesso andrà ad approssimare il potenziale. Un altro metodo un po' più preciso per effettuare questo calcolo è quello di sommare i potenziali QRS di una derivazione, al posto di servirsi solo dell'ampiezza dell'onda R, la parte finale della procedura non subisce alcuna variazione.

È importante tenere a mente che il nostro corpo non può essere considerato un conduttore perfetto, soprattutto per il fatto che non sempre gli elettrodi aderiscono in maniera perfetta alla cute. Pertanto, i valori dell'elettrocardiogramma sono da ritenersi come un'approssimazione della vera attività elettrica del cuore.

L'esaminazione dell'asse cardiaco raffigura quindi uno degli step più importanti per quanto riguarda i tracciati del cuore, perché ci dà informazioni sulle possibili rotazioni del cuore nella cavità toracica, che possono essere importanti se rapportate all'età e alla corporatura della persona, e su possibili disfunzioni che possono significare la presenza di molteplici malattie come ad esempio il blocco di branca destro , il blocco di branca sinistro, l'emiblocco anteriore sinistro o ischemia miocardica (vedremo più avanti le sindromi legate alle anomalie del ritmo).

Per capire meglio in cosa consiste l'asse cardiaco, dobbiamo rappresentare le derivazioni ECG come degli assi situati sullo stesso piano frontale, al centro del quale si trova il cuore in un sistema esassiale di riferimento. Per ogni asse possono essere assegnati dei gradi da 0 a 180 di segno positivo nella metà inferiore e negativo nella metà superiore. Possiamo indicare le direzioni degli assi del cuore con delle linee continue, mentre possiamo usare delle linee tratteggiate per indicare gli assi ottenuti con l'inversione degli elettrodi.

Per calcolare la direzione approssimativa dell'asse elettrico, possiamo considerare la derivazione che presenta la maggiore deflessione positiva dell'onda R. In altre parole, per calcolare l'asse cardiaco, dobbiamo tenere conto nel tracciato della derivazione nella quale il nostro QRS si presenta come isoelettrico, cioè quando sia la parte positiva che negativa risultano simili. L'asse cardiaco sarà quindi in posizione perpendicolare a tale derivazione.

L'asse cardiaco in condizioni fisiologiche normali si attesta tra 0 e 90. Quando si sposta verso destra, con dei valori più alti di 90, siamo in una condizione di "deviazione assiale destra", riscontrabile ed esempio, nell' ipertrofia ventricolare destra. Quando l'asse cardiaco si sposta verso sinistra parliamo invece di deviazione assiale sinistra. L'asse assume valori negativi che vanno da 0 fino a – 90.

Da un punto di vista fisiologico, l'asse cardiaco rappresenta la direzione vettoriale della depolarizzazione che coinvolge il cuore. Ma gli appartiene anche un significato clinico, infatti, determinate sindromi presentano uno specifico segnale elettrico, questo permette un facile riconoscimento partendo anche solo dal tracciato per poi andare ad eseguire esami più approfonditi.

L'asse elettrico in tali condizioni copre una scala di valori compresa tra –30° e +90°. Il procedimento più utilizzato e considerato anche il più intuitivo per l'indicazione dell'asse elettrico del cuore consiste nell'osservare il QRS in due derivazioni, la DI e la aVF e verificarne le seguenti conformazioni:

- QRS positivo (quindi con deflessione verso l'alto) in DI e aVF equivale ad un'asse normale;

- QRS positivo in DI e negativo (quindi con deflessione verso l'alto) in aVF indica un'asse verso sinistra e quindi patologico;
- QRS negativo in DI e positivo in aVF equivale a un'asse verso destra anch'esso patologico;
- QRS negativo in DI e aVF ci indica un'asse deviato molto a destra, fortemente patologico.

5.3 Onda P

Quest'onda è la prima del ciclo cardiaco e raffigura sia la contrazione elettrica che meccanica del cuore, dovuta alla depolarizzazione. Come abbiamo detto in precedenza i due fenomeni non sono contemporanei, l'onda di depolarizzazione elettrica precede di qualche millisecondo il fenomeno di meccanico di contrazione. È un'onda positiva, di piccole dimensioni e forma arrotondata, che precede sempre il complesso QRS.

Quando ci approcciamo alla lettura di un ECG, il primo aspetto da verificare è che l'onda P sia presente nelle derivazioni rivolte al vettore elettrico corrispondente, pertanto D2, V1, V2. Se l'onda P è presente, controlliamo sempre:

1. la sua forma e la sua polarità
2. che preceda il QRS
3. la sua frequenza

Se soltanto uno di questi parametri dovesse risultare alterato, potremmo trovarci davanti ad una condizione patologica. Le situazioni più comuni si verificano quando:

- l'onda P è presente, ma la frequenza risulta diversa da quella del QRS. In questo caso potrebbero essere presenti blocchi atrioventricolari, o addirittura una dissociazione atrioventricolare;

- Se la forma o la polarità risulta strana oppure cambia in modo repentino. Potrebbe indicare una sindrome da dilatazione atriale;

- Se l'onda P risulta invertita, è necessario valutare come prima cosa se è retro condotta e quindi rispecchia un possibile ritmo giunzionale o se è bifasica.

- Se l'onda P è assente, o si presenta irregolare e caotica, potrebbe far sospettare fibrillazione atriale o ritmo giunzionale di scappamento. Può anche succedere che l'onda P venga sostituita da un altro tipo di onda nota come onda F. Questo potrebbe essere il segnale di un flutter atriale.

In qualsiasi delle condizioni sopra descritte è bene allertare il vostro cardiologo di fiducia e non fare autodiagnosi.

5.4 Intervallo PQ

Questo intervallo è calcolato dall'inizio dell'onda P fino all'inizio del QRS e indica il tempo di conduzione che si genera nel cuore, ovvero, il tempo impiegato dall'onda di depolarizzazione per propagarsi dal nodo SA fino al fascio di His, passando dal nodo AV per iniziare la depolarizzazione ventricolare. Il dato importante da valutare in questa struttura è la sua durata, che dovrebbe essere compresa tra i 3 e i 5mm, cioè tra 0,12 e 0,2 ms. Quello che possiamo osservare è:

- la durata complessiva dell'intervallo PQ è di 3-5 mm, quindi di 3-5 quadratini. In questo caso dobbiamo valutare anche la morfologia di questa linea

- in quanto un intervallo che va al di sotto della stessa potrebbe essere segno di alcune patologie come la pericardite o l'infarto.

- se la durata dell'intervallo PQ fosse maggiore di 5 mm in questo caso potrebbe essere un campanello d'allarme per un blocco atrioventricolare.

- se la durata dell'intervallo PQ è minore di 3 mm in questo caso nell'intervallo è presente l'onda delta che può indicare la tachicardia.

5.5 Complesso QRS

Questo insieme di tre onde corrisponde alla fase di depolarizzazione del ventricolo cardiaco e corrisponde al momento in cui l'impulso elettrico arriva al nodo AV e, successivamente, si propaga fino alle fibre di Purkinje, passando per il fascio di His, causandone la contrazione. Le tre onde Q, R ed S rappresentano dei macro-vettori ventricolari, con ritmo rispettivamente negativo, positivo e negativo.

Le tre onde potrebbero non essere visibili in alcune derivazioni e, in tal caso, si fa riferimento al complesso indicandolo soltanto con le onde visibili, ad esempio RS, QR o altro. Il primo aspetto da considerare nel QRS è prima di ogni cosa il suo arco che dovrebbe essere compreso in un intervallo tra 0,8 e 0,1ms, cioè tra 2 e 2,5mm. Quando la durata si trova dentro questi limiti è possibile affermare che l'impulso elettrico sia partito dagli arti. Una volta controllata la durata, si passa alla verifica morfologica sia del complesso nel suo insieme sia delle singole onde che lo compongono. In questo caso possiamo avere:

- un complesso QRS stretto con onde ravvicinate, indicativo di un impulso sinusale o sopraventricolare;
- un QRS ampio con onde distanti, è indicativo di un focus ventricolare;
- un'onda Q con una profondità superiore a 3mm sta ad indicare un infarto del miocardio in essere;
- un'onda R con altezza superiore a 10mm o inferiore a 5mm indica condizioni patologiche legate ad alterazione della corrente elettrica cardiaca sia in

termini di diminuzione sia in aumento, come nel caso dell'ipertrofia ventricolare che determina delle onde R alte, perché il cuore necessita di una corrente elettrica maggiore per depolarizzarsi correttamente.

5.6 Tratto ST

Il tratto ST indica la parte del tracciato che comincia verso la fine del QRS (considerando l'onda S o comunque quella finale visibile) e l'inizio dell'onda T. Coincide con l'istante in cui le cellule ventricolari sono tutte depolarizzate e pertanto non è possibile registrare movimenti elettrici. Per misurarlo è sufficiente tracciare la linea isoelettrica sul tracciato aiutandosi con righello e matita e quindi verificare le dimensioni. La linea ST può essere:

- normale, quando la linea ST coincide con quella isoelettrica. In questo caso però dobbiamo tenere presente che l'assenza si segnale elettrico non elimina eventuali patologie in essere, semplicemente ci dice che queste non sono visibili a questo esame, è sempre consigliato eseguire esami più approfonditi quando si avvertono dei sintomi particolari;

- alterata se è di più di 2 mm: a seconda che tale alterazione si collochi al di sopra o al di sotto la linea isometrica, siamo davanti a due diverse situazioni cliniche entrambe patologiche. Un segmento ST innalzato potrebbe indicare un quadro di lesione in stadio iniziale tipico di un episodio di infarto miocardico acuto. Una deflessione del tratto ST è invece presente in caso di ischemia. Alterazioni a carico del sistema del calcio o del potassio, possono a loro volta, modificare la morfologia del tratto ST.

5.7 Onda T

L'onda T si presenta come un'onda simmetrica di piccole dimensioni, che in condizioni fisiologiche si posiziona al di sopra della linea isoelettrica e che segue il complesso QRS. Rappresenta l'onda di ripolarizzazione dei ventricoli. È importante valutare, oltre alla morfologia, soprattutto la sua polarità che non dovrebbe mai essere invertita rispetto al complesso QRS.

Se ad un esame risulta negativa in ogni derivazione o nella maggior parte, quando ad un precedente esame era positiva, potremmo trovarci davanti a dei segni premonitori di un'ischemia soprattutto se questa analisi si accompagna a del dolore a livello del torace.

5.8 Intervallo QT

L'intervallo PQ viene calcolato dall'inizio dell'onda P fino all'inizio del complesso QRS e rappresenta il tempo tra la depolarizzazione e la ripolarizzazione del cuore. In altre parole, rappresenta la sistole elettrica. La sua durata è notevolmente influenzata dalla frequenza cardiaca in modo inversamente proporzionale. Quindi, va valutata in base alla frequenza e precisamente: maggiore sarà la frequenza cardiaca, minore risulterà l'intervallo QT.

È possibile comunque effettuare una prima analisi preliminare analizzando l'intervallo tra due onde R-R. Se l'intervallo di QT è più basso rispetto alla metà dell'intervallo RR, allora ci troviamo di fronte ad un valore QT fisiologico.

Un intervallo QT prolungato può indicare uno stato di tossicità frequentemente collegato all'assunzione di farmaci neurolettici. Inoltre, predispone al rischio di incorrere in probabili aritmie cardiache degne di nota, come le tachicardie ventricolari, a causa dell'aumento del periodo refrattario relativo.

CAPITOLO 6
ALTERAZIONI DEL RITMO

Abbiamo visto come una corretta esecuzione di un ECG sia in grado di fornirci una grande mole di informazioni sull'attività elettrica cardiaca, sia in condizioni fisiologiche sia in presenza di disfunzioni più o meno lievi, che possono dar luogo a gravi patologie a carico del sistema cardiaco.

L'ambito in cui l'ausilio dell'ECG meglio si presta è senza dubbio quello delle aritmie. Viene definito come aritmia qualsiasi tipo di ritmo che non è classificabile come sinusale. Questo significa che l'impulso elettrico cardiaco e quindi l'onda di depolarizzazione che ne consegue, non parte dal nodo senoatriale (nodo SA). L'aritmia che si forma prende il nome dalla struttura cardiaca in cui ha avuto origine.

Il campo dell'aritmologia è piuttosto vasto, nei paragrafi e capitoli a seguire cercheremo solo di fornire i principali elementi preliminari sull'argomento, lasciando all'interesse di ognuno di voi eventuali approfondimenti più mirati.

Quando si parla di aritmie, è necessario iniziare con una prima e grande distinzione tra bradiaritmie (o bradicardie) e tachiaritmie (o tachicardie). Nel gruppo delle bradiaritmie, il cui prefisso "bradi" significa lento, possiamo includere qualsiasi ritmo, incluso il sinusale, dove la frequenza ventricolare media risulta inferiore ai sessanta battiti al minuto.

Il gruppo delle tachiaritmie invece, con il prefisso "tachi", cioè veloce, include un qualunque ritmo, compreso il sinusale, la cui frequenza cardiaca è maggiore ai cento battiti in un minuto. Nella valutazione del ritmo cardiaco in presenza di aritmie è fondamentale focalizzarsi innanzitutto sulla corretta lettura del tracciato ECG, valutando le caratteristiche dell'onda P e la sua relazione con il complesso QRS.

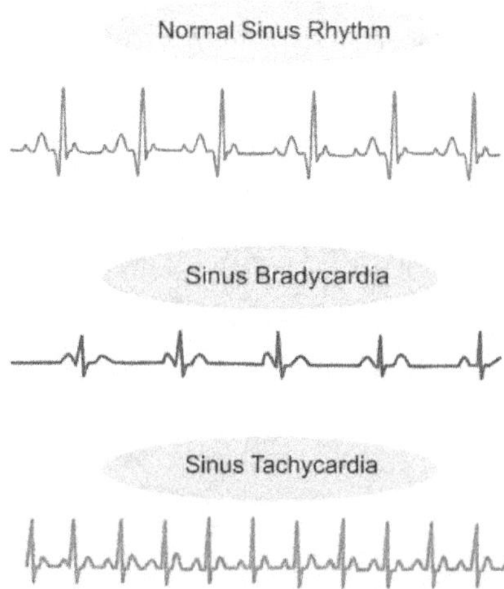

6.1 Bradiaritmie (o bradicardie)

In generale possiamo dire che le bradiaritmie si verificano per un malfunzionamento della centralina che regola la frequenza cardiaca, e che porta ad un rallentamento del ritmo o ad una mancata accelerazione in situazioni in cui è richiesto un maggiore apporto di ossigeno, come ad esempio durante l'attività fisica.

Le delle bradiaritmie possono avere molteplici cause. L'evento più frequentemente registrato consiste nell'invecchiamento fisiopatologico del sistema di conduzione cardiaco. In questo modo, la patologia si sviluppa in una modalità progressiva. Per questa ragione è raccomandato effettuare un ECG periodico dopo una certa età, per poter prendere delle contromisure con anticipo, prima che si verifichino gli eventi che abbiamo descritto in precedenza legati al decadimento fisiologico. In altri casi, invece, la bradiaritmia è un sintomo specifico da ricollegare ad una patologia organica sottostante, come per esempio un infarto miocardico acuto, a una malattia del muscolo cardiaco o ancora ad un problema di tipo meccanico, come il malfunzionamento di una o più valvole cardiache. In questi casi la bradiaritmia si manifesta in modo severo e improvviso, causando uno svenimento oppure, in casi fortunatamente meno frequenti, può innescarsi un'aritmia diversa, che porta alla morte improvvisa.

Pertanto, i sintomi quali stanchezza o affaticamento, devono servire come campanelli d'allarme per recarsi da un cardiologo ed essere sottoposti ad una visita. Nei casi invece di svenimento improvviso, bisogna recarsi subito in Pronto Soccorso. Andiamo adesso ad analizzare singolarmente le bradiaritmie più importanti.

6.1.1 Bradicardia sinusale

Rappresenta l'aritmia bradicardica di base ed è caratterizzata unicamente da una diminuzione della frequenza cardiaca con un ritmo inferiore ai 60 battiti al minuto.

Attività elettrica: presente

- Frequenza:60 bpm
- Ritmo: intervalli R-R regolari
- Onda P: presente, con un aspetto regolare per tutto il tracciato. È sempre seguita dal QRS
- Complesso QRS: con un aspetto normale e ritmo regolare; segue sempre l'onda P.
- Intervallo del QT: 0.04 – 0.08 secondi.
- Onda T: positiva e successiva a ogni QRS'
- Segmento ST: 20 secondi

6.1.2 Blocchi atrioventricolari

I blocchi atrioventricolari sono dei disturbi della conduzione del cuore, hanno origine tra l'atrio e il ventricolo, dove vi è il nodo atrio-ventricolare, siccome l'impulso non raggiunge i ventricoli viene segnalata questa anomalia.

La presenza del pacemaker naturale garantisce comunque la contrazione di questi ventricoli, anche se questa avviene con un ritmo inferiore, anche nel caso in cui si manifesta un'interruzione. Nel tracciato questo tempo di conduzione è misurato in base al tempo che impiega l'onda P a raggiungere il QRS. Di norma è valutato nella derivazione DII.

Bisogna tenere a mente che, come abbiamo già detto in precedenza, la durata complessiva di questo intervallo varia a livello fisiologico tra 0,12 e 0,20 secondi e che è in stretto rapporto con la stessa frequenza cardiaca. I blocchi atrioventricolari vengono di norma suddivisi in tre gruppi: di I, di II e di III grado.

Blocco atrioventricolare di I grado

Questo blocco si caratterizza da una maggiorazione del tempo di conduzione, che nel tracciato si nota nel prolungamento dell'intervallo PQ che diventa superiore ai 0,20 secondi. Solitamente non è associato ad alcun sintomo e si risolvono o si stabilizza spontaneamente senza alcuna azione specifica.

Attività elettrica: presente

- Frequenza: nella norma, ma potrebbe essere rallentata
- Ritmo: regolare
- Onda P: presente per ogni QRS, con un aspetto costante
- Complesso QRS: di aspetto normale e ritmo regolare; ciascuno di essi segue sempre un'onda P
- Intervallo PR: prolungato per più di 0,2 secondi
- Onda T: positiva e successiva a ogni QRS

Blocco atrioventricolare di II grado

Diversamente dal blocco di primo grado in cui si registra un ritardo relativo al tempo di conduzione AV, nel blocco di secondo grado molti degli impulsi che provengono dal nodo seno-atriale non raggiungono proprio i ventricoli.

Può rappresentare un presupposto alquanto pericoloso poiché il blocco parziale potrebbe avanzare in un arresto cardiaco. Compare spesso in associazione ad una patologia cardiaca pregressa e si manifesta nel corso di un infarto miocardico acuto. In base alla severità si classifica come Mobiz I e Mobiz II. Da un punto di vista di ECG è caratterizzato dall'allungamento graduale del tratto PQ fino all'assenza del QRS dovuto al ritardo crescente degli impulsi.

Attività elettrica: presente

- Frequenza: normale
- Ritmo: questo può essere sia irregolare che regolare

- Onda P: alcune onde P non sono accompagnate dal QRS. Si stima ci sia una relazione di 3 o 4 onde P per ogni QRS
- Intervallo PR: nel Mobitz I è variabile poiché solitamente si allunga fino a quando l'impulso non raggiunge il ventricolo, nel Mobtiz II è invece costante, ma alcuni degli impulsi dell'onda P non risultano condotti
- Complesso QRS: aspetto normale, ma meno presente nel tracciato
- Onda T: normale

Blocco atrioventricolare di III grado

In questa tipologia di blocco la comunicazione tra il nodo e il fascio di His viene fermata regolarmente, si produce un arresto a livello degli impulsi che non fanno contrarre i ventricoli.

Quando si manifesta questa condizione avviene l'arresto cardiaco, ma per fortuna le parti del sistema di conduzione mantengono una loro autonomia a livello di scarico, per questa ragione dopo l'arresto, in una zona del sistema partono degli impulsi che fungono da pacemaker naturale in modo da far nuovamente contrarre i ventricoli. Questa situazione quando si genera è abbastanza grave e può dar luogo a delle ischemie.

Da un punto di vista di tracciato ECG non ci sarà più nessuna correlazione tra le onde P e i QRS, che seguiranno ognuno tempi e frequenze diverse. Mentre le prima mantengono una frequenza normale, i QRS non arrivano ai 30 bpm, facendo sì che atri e ventricoli si contraggono in maniera non sincronizzata. In questi casi si può generare una sincope o una lipotimia che richiede un intervento urgente di impianto pecemaker.

Attività elettrica: presente

- Frequenza: la frequenza atriale è indipendente da quella ventricolare. Di solito quest'ultima è molto lenta.
- Ritmo: i due ritmi dell'onda P e del QRS non presentano alcun rapporto tra di loro, sebbene ogni ritmo preso indipendentemente possa risultare regolare.
- Onda P: presente, ma senza alcun legame costante con il QRS
- Intervallo PR: non è misurabile
- Complesso QRS: dipende dal meccanismo presente.

Può essere normale se il meccanismo sarà atrioventricolare, o caratterizzato da frequenze più basse se il meccanismo di fuga sarà ventricolare

- Onda T: normale

6.1.3 Blocchi di branca

Questo blocco è un'anomalia del sistema di conduzione elettrico del cuore, in cui le due branche del fascio di Hiss non riescono a trasmettere ai ventricoli l'impulso. In condizioni normali entrambe le branche conducono l'impulso nello stesso tempo, fino a raggiungere le fibre del Purkinje, distribuendolo ai ventricoli.

Quando una delle due branche presenta un ritardo oppure è bloccata, l'impulso riesce a generare la contrazione di un solo ventricolo, solo in un secondo momento riesce a diffondersi anche all'altro, attraverso il setto interventricolare. Questo processo genera un disequilibrio nella depolarizzazione dei ventricoli, che è possibile notare nel tracciato. Il ritardo di attivazione rispetto all'altro produce un'onda R a due punte denominate "orecchie di coniglio".

Quando questo evento si manifesta nelle derivazioni V1 e V2 si parla di blocco di branca destro; se si manifesta nelle derivazioni V5 e V6 si parla di blocco di branca sinistro, se diversamente si manifesta nelle derivazioni V3 e V4 si parla di blocco di branca interfascicolare.

Blocco di branca destro

Avviene quando si manifesta un ritardo nella conduzione dal potenziale di azione per tutta la lunghezza della branca destra. In questo modo si assiste alla depolarizzazione più rapida del ventricolo sinistro rispetto a quello di destra, il vettore di depolarizzazione si sposta da quello sinistro a quello destro.

Un blocco di branca destro presente in una persona affetta da cardiopatia strutturale fa intendere uno stadio avanzato della patologia che può nel corso del tempo coinvolgere anche le coronarie. Può essere anche associata a significative patologie a carico del ventricolo destro, come ad esempio, l'ipertensione polmonare, l'embolia polmonare e la cardiopatia ischemica.

Sul tracciato ECG viene visualizzato meglio nella derivazione V1 con un complesso QRS ampiezza maggiore o uguale a 0,12 secondi che presenta un'onda R secondaria. Il sottoslivellamento del tratto ST e l'inversione dell'onda T si possono osservare sul tracciato.

Blocco di branca sinistro

Analogamente al blocco di branca destro, quello sinistro si ha quando si presenta un ritardo di conduzione lungo la branca sinistra, in questo caso, la depolarizzazione del ventricolo situato a destra avverrà più rapidamente rispetto a quella del sinistro, il vettore di depolarizzazione sarà diretto dal ventricolo di destra a quello di sinistra. Questo blocco compare tendenzialmente nelle persone con una cardiopatia e comporta anche una riduzione dell'aspettativa di vita.

Il tracciato ECG presente le stesse caratteristiche del blocco di branca destra, ma evidenziate sulle derivazioni V5 e V6.

- Attività elettrica: presente
- Frequenza: normale
- Ritmo: regolare
- Onda P: presente e correlata col complesso QRS
- Intervallo PR: normale
- Complesso QRS: presenta una forma allungata con un'onda R a due punte
- Onda T: può essere invertita

6.1.4 PEA: attività elettrica senza polso

È una condizione estremamente grave e si verifica quando il polso e la gittata del cuore non sono efficaci, nonostante sia possibile vedere un'attività elettrica nel tracciato. In pratica, la persona si trova in arresto ma l'ECG appare nonostante il problema normale. In questi casi occorre un trattamento d'urgenza di rianimazione cardio-polmonare.

6.1.5 Asistolia

Nell'asistolia sia il polso e sia la gittata cardiaca risultano assenti. Dal tracciato ECG non risulta attività elettrica. Come nel caso precedente si rende necessario un trattamento d'urgenza di rianimazione cardio-polmonare.

6.1.6 Arresto sinusale

Nell'arresto sinusale l'attività del nodo senoatriale funziona in modo intermittente. Alcuni degli impulsi dal nodo senoatriale non trasmettono più per alcuni secondi, generando quella che clinicamente si definisce una sincope. Può risolversi spontaneamente con ripristino del ritmo sinusale o mediante un intervento di segna passi ectopico. Il tracciato ECG si presenta regolare tranne nel momento in cui si verifica l'arresto.

6.2 Tachiaritmie (o tachicardie)

Le tachiaritmie includono tutte quelle sindromi a carico della conduzione elettrica cardiaca, caratterizzate da una brusca e improvvisa accelerazione del battito, che si alterna a fasi con battito regolare. Nelle tachicardie più lievi, i sintomi si limitano a un battito cardiaco accelerato sopra le 90/100 contrazioni al minuto, nelle forme più gravi, le tachiaritmie vere e proprie, sussiste anche una irregolarità delle pulsazioni. Sebbene i due termini tachicardia e tachiaritmia, vengano a volte utilizzati come sinonimi, essi hanno in realtà una sostanziale differenza nella sintomatologia.

Mentre nella tachicardia si registrano delle alterazioni per quanto riguarda la frequenza del battito, che sembra essere normale anche se si nota una certa accelerazione, la tachiaritmia causa anche delle pulsazioni irregolari. La tachiaritmia può diventare più severa e, in alcuni casi, può avere esiti drammatici fino a portare alla morte.

In generale, queste condizioni provocano uno stato di angoscia e malessere generale, accompagnato da un ampio ventaglio di sintomi, che si riassumono in un cambiamento del ritmo cardiaco che viene percepito con accelerazioni improvvise.

Nella diagnosi clinica si distinguono grossolanamente due tipi di tachiaritmia, questo dipende dalla parte del cuore che viene coinvolta, nello specifico sono; la tachiaritmia atriale e ventricolare. I sintomi talvolta si sovrappongono, anche se le conseguenze derivanti da queste aritmie possono essere molto più gravi.

I sintomi generalmente cominciano con uno stato di forte ansia e angoscia che si accompagna anche a uno o più fattori tra quelli elencati qui di seguito:

- aumento delle palpitazioni
- uno strano dolore a livello del petto

- uno strano senso di oppressione a livello toracico
- il respiro si fa corto, e si accompagna da una continua sensazione di affanno
- la sudorazione aumenta
- si avverte una anormale debolezza o senso di affaticamento generale
- possono comparire delle vertigini

L'esecuzione di un esame ECG permette di rilevare una diagnosi differenziale. Le cause delle tachiaritmie possono essere riconducibili a più fattori che vanno dall'assunzione smodata di caffè o sostanze eccitanti similari, a danni pregressi, a delle alterazioni fisiologiche a carico del cuore (ad esempio, l'arteriosclerosi). Anche alcune patologie genetiche possono influire, finanche un modo di alimentarsi sbagliato, l'obesità, l'abuso di alcool o di droghe, possono favorire lo sviluppo di un episodio di tachiaritmia.

6.2.1 Tachicardia sinusale

È la forma più semplice di aritmia e verifica quando il livello fisiologico della frequenza cardiaca supera i 100bpm. Si può osservare anche in condizioni di esercizio fisico in cui però, entro certi limiti, non è considerata patologica.

- Attività elettrica: presente
- Frequenza: 130bpm
- Ritmo: intervalli R-R regolari.
- Onda P: di forma normale e presente per ogni

complesso QRS. Può presentarsi singolarmente o all'interno dell'onda T che la precede

- Complesso QRS: di aspetto normale
- Onda T: positiva e preceduta ogni volta dal complesso QRS

6.2.2 Tachicardia atriale (o sopraventricolare)

Come suggerito dal nome, è una tachicardia che ha origine negli atri ed è presente sia nei fenomeni di automatismo sia in quelli di rientro. Si differenzia per la presenza delle onde P inconsuete nelle derivazioniD2, D3 e aVF e di carica negativa. La sua frequenza non va mai oltre ai i 240bpm ed è posizionata molto vicino ai complessi QRS.

- Attività elettrica: presente
- Frequenza: 220-240bpm
- Ritmo: intervalli R-R regolari.
- Onda P: di forma anomala e molto vicina al complesso QRS
- Complesso QRS: di ritmo normale con forma piuttosto stretta
- Onda T: positiva e preceduta ogni volta dal complesso QRS

6.2.3 Tachicardia parossistica sopraventricolare

Insieme alle precedenti è una delle tachicardie più comuni. Fisiologicamente risulta alterato l'equilibrio tra la via di conduzione tra il nodo AV e il fascio di His. L'impulso di norma percorre sia la via rapida che quella lenta nello stesso momento, per poi tornare indietro percorrendo quella lenta dove si blocca. L'impulso sinusale arriva quindi ai ventricoli esclusivamente lungo la via rapida. Ne consegue che il tempo refrattario è più lungo per la via rapida, la e più breve per la via lenta. Si possono identificare tre tipi di tachicardia parossistica sopraventricolare, di cui la più comune è la Slow-fast che rappresenta fino al 90% dei casi.

Di solito un'extrasistole atriale percorre la via rapida nel periodo refrattario e viene condotta attraverso quella più lenta. Se nel mentre quella rapida ha concluso il periodo refrattario recuperando la capacità di condurre, essa sarà percorribile dall'impulso all'indietro e tornare quindi in atrio. Da qui riprenderà la via lenta, dando il via al disturbo della tachicardia. Il tracciato ECG evidenzia complessi QRS con frequenze fino a 250 bpm. Le onde P non sono visibili nel QRS o si manifestano come false S negative nelle derivazioni DII, DIII e aVF e false positive in V1.

Attività elettrica: presente

- Frequenza: 150-250bpm
- Ritmo: intervalli R-R regolari
- Onda P: si trova in ogni complesso QRS, ma è difficile da identificare

- Intervallo P-R: solitamente non misurabile.

- Complesso QRS: di aspetto e ritmo normale

- Onda T: ha un aspetto distorto a causa della presenza delle onde P all'interno

6.2.4 Tachicardia ventricolare

La tachicardia ventricolare è una forma molto grave di aritmia che può evolvere degenerando in fibrillazione ventricolare. Il picco di depolarizzazione è localizzato a livello ventricolare e si definisce quando si hanno almeno tre o più battiti di origine ventricolare in successione a una frequenza superiore di 100bpm. Normalmente la frequenza totale è compresa tra 140 e 250bpm.

Alterazioni morfologiche si possono registrare a carico dei complessi QRS e delle onde P, non correlate ai QRS allargati. Le onda P possono anche fondersi con i complessi QRS che appariranno più stretti. Nelle precordiali da V1 a V6 i complessi QRS possono avere concordanza ed essere tutti negativi o tutti positivi.

La tachicardia ventricolare può essere anche causata da altre gravi patologie come ad esempio; la cardiopatia di natura ischemica, l'infarto, lo scompenso del cuore. È importante monitorare il paziente già dai primi sintomi, controllando l'attività del polso e i principali segni vitali. Se la tachicardia presenta un polso arterioso occorre effettuare una manovra di cardioversione. In caso invece di una tachicardia ventricolare senza attività al polso necessario defibrillare.

Attività elettrica: presente

- Frequenza: solitamente compresa tra 140 e 220bpm
- Ritmo: può essere irregolare
- Onda P: assente.
- Intervallo PR: non misurabile.
- Complesso QRS: solitamente più ampio di configurazione
- Onda T: con polarità contrapposta al QRS
- Tratto P-Q: non valutabile

6.2.5 Flutter atriale

Il flutter è un'altra forma di tachiaritmia sopraventricolare abbastanza grave, dove si ha un comportamento atriale regolare. In questo caso l'impulso generato non inizia dal nodo seno-atriale ma da altre zone sempre a livello atriale. Le frequenze sono piuttosto alte e comprese tra i 240 e i 300bpm. Il tracciato ECG si caratterizza per l'assenza delle onde P che sono solitamente sostituite, come la comparsa di onde F (da qui l'origine del nome Flutter), piuttosto visibili nelle derivazioni DII, DIII, aVF e V1. Le onde F sono una diretta espressione della funzionalità dell'atrio e hanno una frequenza tra i 250 e i 350bpm.

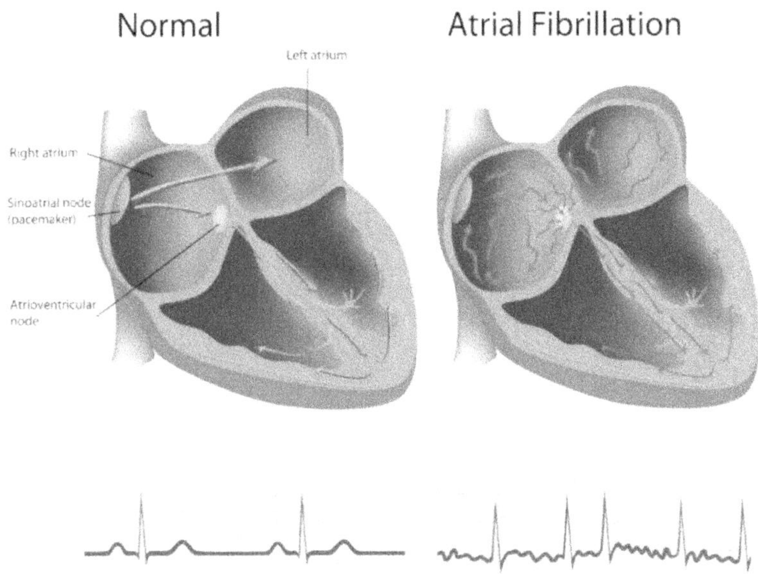

Questo può essere associato a cardiopatia e raramente si presenta nella forma idiopatica. Si possono distinguere tre tipi principali di flutter atriale:

1. Flutter atriale destro istmo-dipendente. È il tipo più frequente (90%) ed è caratterizzato da un macro rientro antiorario o di tipo comune. Sul tracciato ECG si registrano onde F negative nelle derivazioni DII, DIII, e aVF e bifasiche con un basso voltaggio in DI e aVL, e positive in V1.

2. Flutter atriale destro. Questo tipo di flutter è meno comune e con macro rientro orario nel 10% dei casi. Al tracciato ECG sono presenti onde F positive in DII, DIII e negative in V1.

3. Flutter atriale sinistro. La sua incidenza non è nota e si caratterizza per strutture elettrocardiografiche normali con desincronizzazione a fibrillazione atriale. Il tipo di flutter atriale sinistro è quello che si ha solitamente nelle valvulopatie mitraliche o dopo procedure ablative. Al tracciato ECG abbiamo la presenza di onde F a basso voltaggio in DII, DIII e aVF e positive in V1.

Attività elettrica: presente

- Frequenza: la frequenza atriale è compresa generalmente tra 250 e 400bpm, mentre la frequenza ventricolare deriva dal grado del blocco
- Ritmo: può essere sia regolare che non, in base alla tipologia di blocco che si è manifesta
- Onda P: assente e sostituita dalle onde F, che rappresentano il derivato della rapidità delle scariche elettriche rilasciate dal focus atriale
- Intervallo P-R: non misurabile.
- Complesso QRS: di aspetto anomalo.
- Intervallo QRS: normale.
- Onda T: sono presenti, ma possono essere oscurate dalle onde flutter
- Tratto ST: non valutabile

6.2.5 Fibrillazione atriale

La fibrillazione atriale è sostanzialmente una aritmia cardiaca contraddistinta da un'attivazione atriale non esattamente coordinata. Da questa mancata coordinazione ne deriva il relativo deterioramento di questa funzione.

Le onde P come ho accennato in precedenza risultano assenti e al loro posto si registra una lieve irregolarità per quanto riguarda la linea isoelettrica nel tracciato. A causa della instabilità nella conduzione che avviene attraverso il nodo, ne risulta anche una modificazione del ritmo, che diviene irregolare.

Infatti, la maggior parte degli impulsi raggiungono il nodo AV quando è ancora refrattario dall'impulso precedente. Sul tracciato ECG è visibile un'attivazione caotica con frequenza fino ai 600bpm. Non è un'aritmia a rischio imminente di morte, ma è necessario un trattamento farmacologico o di cardioversione.

Le caratteristiche cliniche associate a fibrillazione atriale sono:

- Una mortalità alquanto elevata;
- Un aumento del rischio di ictus (circa il 25% degli ictus è causato da fibrillazione atriale);
- Un incremento delle ospedalizzazioni;
- Un sostanziale peggioramento della qualità generale della vita;
- Presenza di una disfunzione ventricolare sinistra da

tachicardiomiopatia fino a sfociare in uno scompenso a livello del cuore.

Attività elettrica: presente

Frequenza: può arrivare fino a 600bpm, ma è di difficile misurazione poiché le onde "fibrillatorie" tendono a sostituirsi a quelle P. La cadenza ventricolare può oscillare in modo irregolaredalla bradicardia alla tachicardia

Ritmo: irregolare

- Onda P: è sostituita dalle onde prodotte dalla fibrillazione, conosciute come onde "f piccole"
- Intervallo PR: non misurabile.
- Complesso QRS: di aspetto normale.
- Intervallo QRS: normale.
- Onda T: normale
- Tratto P-Q: 20 secondi se è presente l'onda P

6.2.6 Fibrillazione ventricolare

Nella fibrillazione ventricolare è presente un'attivazione caotica dei ventricoli. Sono presenti oscillazioni più o meno marcate della linea isoelettrica che non permettono di identificare i complessi QRS, ma semplici ondulazioni con morfologia e ampiezza diverse. In questo tipo di aritmia, si ha una confusione a livello generale dell'attività elettrica a carico del cuore.

Clinicamente è del tutto sovrapponibile all'arresto cardiaco, poiché in entrambe le situazioni vi è una diffusa inefficienza del cuore. Le onde che si vedono sul tracciato cambiano rapidamente morfologia, presentandosi all'inizio abbastanza ampie per poi ridursi progressivamente. Poiché la persona si trova in una condizione di arresto cardiaco e non respira, l'unico trattamento percorribile è la defibrillazione.

Attività elettrica: presente

- Frequenza: non è misurabile in quanto i complessi QRS ben formati sono assenti
- Ritmo: disorganizzato
- Onda P: assente
- Intervallo PR: non misurabile
- Complesso QRS: caotico senza una chiara definizione
- Onda T: non presente
- Tratto P-Q: non valutabile

6.3 Extrasistoli

Comunemente e in linea generale, le extrasistoli sono da considerarsi come delle depolarizzazioni abbastanza premature della parte atriale o ventricolare. In altre parole, si hanno con la manifestazione di un impulso prematuro rispetto al ritmo usuale, quindi in una parte del cuore avviene una depolarizzazione prima del tempo e questo porta ad una contrazione prematura. A livelli dell'ECG si possono notare delle alterazioni nell'onda P, mentre il QRS risulta solitamente nella norma.

Extrasistole ventricolare

I battiti precoci di tipo ventricolare sono definiti prematuri in relazione al ritmo che si può avere in una condizione normale. Il QRS tende quindi a essere più grande rispetto al QRS normale e anche la sua morfologia risulta differente. Possono essere presenti dei tratti unifocali, quando tutti i battiti prematuri originano dalla stessa zona e hanno quindi uguale morfologia, o multifocali quando originano da zone diverse e hanno morfologie diverse.

Tra due battiti prematuri a ciclo regolare, è presente di solito un intervallo, detto pausa compensatoria. La condizione in cui il battito prematuro compare dopo ogni battito regolare è chiamata bigeminismo, mentre quando il un battito prematuro compare dopo due battiti regolari si dice trigeminismo.

Quando compaiono due battiti in successione si parla di coppia. La contrazione e quindi la gittata sistolica è inferiore rispetto a quella indotta di un battito normale, quindi i battiti prematuri sono emodinamicamente inefficaci.

Da un punto di vista clinico, le extrasistoli devono essere valutate mediante monitoraggio Holter delle 24 ore, infatti, in base alle loro caratteristiche si sceglierà il trattamento più appropriato.

Possono essere un campanello d'allarme anticipatorio di gravi aritmie ventricolari, dalla tachicardia ventricolare alla fibrillazione ventricolare. In quest'ultimo caso, va data particolare attenzione al cosiddetto fenomeno "R su T". Si tratta di battiti precoci, che cadono sulla branca ascendente o all'apice dell'onda T del battito che precede. Solitamente anche il complesso QRS si presenta non conforme in relazione ai complessi ventricolari della medesima derivazione.

Attività elettrica: presente

- Frequenza: non omogenea
- Ritmo: irregolare
- Onda P: assente
- Intervallo P-R: non misurabile
- Complesso QRS: alterato, di norma più allargato rispetto al complesso QRS normale
- Onda T: dell'extrasistole ventricolare è solitamente opposta al QRS

Extrasistole atriale o sopraventricolare

In questo tipo di extrasistole il complesso ventricolare precoce si presenta similare rispetto agli altri complessi della stessa derivazione. Il complesso sopraventricolare prematuro può essere talvolta anticipato dall'onda P, che ha comunque una forma differente da quella sinusale. Nel caso in cui l'extrasistole si origina completamente negli atri, i ventricoli sono attivati grazie al fascio di His e alle branche di destra e sinistra.

Attività elettrica: presente

- Frequenza: alterata
- Ritmo: irregolare a causa della contrazione prematura
- Onda P: assente o presente con strana
- PR (intervallo): può presentarsi in forma normale oppure più corta a seconda dal punto in cui si origina.
- Complesso QRS: nella norma
- Onda T: è positiva e segue ciascun complesso QRS

6.4 Diagnosi e trattamento delle aritmie

La diagnosi di ciascuna delle bradiaritmie sopra descritte può essere fatta con certezza e precisione soltanto con una registrazione ECG. Tuttavia, occorre tenere a mente che l'ECG ha una durata limitata e, nella maggior parte delle volte la manifestazione dell'aritmia si verifica sporadicamente o in condizioni diverse dal riposo.

Pertanto, è sempre buona norma ricorrere ad esami più approfonditi se sono presenti sintomi. Uno strumento che si sviluppa dall'ECG proprio per risolvere i limiti temporali è costituito dall'ECG Holter. Si tratta di un piccolo registratore, collegato a tre o più elettrodi collocati sul torace, che registra costantemente un ECG nell'arco delle 24 ore.

Oltre all'Holter sono disponibili altri tipi di registratori che coprono intervalli di tempo più ampi, sino ad arrivare a piccoli dispositivi che si inseriscono sottopelle e possono registrare l'ECG anche per 2 o 3 anni.

Grazie agli sviluppi della tecno colia medica, cominciano già ad essere disponibili degli strumenti che permettono di integrare i telefoni cellulari, che ormai abbiamo tutti, con sistemi di registrazione dell'ECG, con il grande vantaggio di registrare in qualsiasi momento l'ECG e di inviare la traccia elettronicamente a distanza per una refertazione immediata.

Per quanto riguarda il trattamento delle brachiaritmie, purtroppo al momento non è disponibile alcun farmaco per bocca o per infusione. L'unico trattamento efficace al momento consiste nell'impianto di un Pacemaker. Si tratta di un dispositivo di dimensioni ridotte, approssimative quelle di un orologio da polso. Viene posizionato sottopelle leggermente sotto la clavicola.

A esso sono collegati uno o due elettrocateteri, dei piccoli cavi elettrici che arrivano sino al cuore e che hanno lo scopo di collegare elettricamente il dispositivo e l'organo cardiaco. Il Pacemaker monitora l'attività elettrica spontanea del cuore come una sentinella e, se il battito del cuore scende al di sotto di uno specifico valore impostato da un cardiologo specialista in cardiostimolazione, eroga un piccolo impulso elettrico che fa contrarre il cuore, riportando il battito a dei valori normali.

Quando invece c'è una tachiaritmia in essere, il primo intervento è rivolto alla stabilizzazione del ritmo del cuore, servendosi di un defibrillatore in maniera immediata, che grazie alla forte sollecitazione riesce a ristabilire un ritmo confacente. In alternativa, sempre dietro consiglio dello specialista, si può continuare con dei farmaci, che generalmente sono composti di amiodarone e adenosina. Il primo è un medicinale adatto per la maggior parte delle tachiaritmie mentre l'adenosina è somministrata a livello ospedaliero.

CAPITOLO 7
ECG IN CONDIZIONI PATOLOGICHE

7.1 Alterazioni morfologiche

Dopo aver preso in rassegna le alterazioni di un tracciato ECG durante le condizioni cliniche classificate come aritmie, passiamo adesso ad analizzare i casi in cui le alterazioni sono a carico della forma delle onde e dei segmenti.

Analizzeremo i casi di ipetrofia o di ingrandimento, atriale o ventricolare e passeremo poi a prendere in esame le patologie che più classicamente sono associate ad alterazioni morfologiche delle componenti del tracciato ECG. Nello specifico vedremo l'infarto del miocardio acuto e le sindromi coronariche distinguendole in due grandi sottotipi: quelle con sovraslivellamento dell'ST, chiamate dall'inglese STEMI, e quelle senza sovra livellamento del tratto ST, chiamate NSTEMI.

È importante dire che quando si parla di alterazioni morfologiche del tracciato ECG, vengono generalmente considerate tre delle sue strutture principali: le onde Q, i segmenti ST e le onde T. In base alla localizzazione dell'alterazione le onde che ne derivano hanno preso il nome delle principali caratteristiche della patologia a cui fanno riferimento.

7.2 Onde di lesione

Con il termine Onda di lesione si fa riferimento a tutti quei casi in cui è possibile osservare al tracciato ECG un sovra livellamento del segmento ST. Tale alterazione, come abbiamo detto in precedenza, viene rilevata negli stadi iniziali dell'infarto che coinvolge il miocardio di livello acuto (IMA)dove si nota una chiusura dell'arteria coronaria chiamata STEMI in ambito clinico.

È molto importante saperla riconoscerla proprio perché è un'alterazione che si presenta nelle fasi iniziali dell'IMA, come è facile intuire la sua diagnosi precoce permette di intervenire in maniera tempestiva andando ad aprire il vaso occluso. Per essere diagnosticata come alterazione il sovra livellamento del tratto ST deve presentarsi con una dimensione di un millimetro oltre ad essere rilevato anche nelle derivazioni periferiche vicine.

In questi casi, nelle derivazioni opposte si registra un sotto livellamento speculare. Per esempio, se il segmento ST risulta sovra livellato nelle derivazioni anteriori V2 e V4 e in quelle laterali I, aVL V5 e V6, avremo un sotto livellamento reciproco nelle derivazioni III e aVF.

7.3 Onde di necrosi

Queste onde sono quelle che interessano le alterazioni poste a carico delle onde Q. Il tessuto necrotico non produce alcun potenziale d'azione e le forze elettriche registrate dall'elettrodo sopra la zona infartuata, risulteranno ridotte o addirittura nulle. In questi casi si registra un'attività elettrica maggiore rispetto al solito, proveniente dalla parete opposta a quella infartuata, che si allontana dall'elettrodo, producendo quindi diverse forze negative che generano l'onda Q di aspetto piuttosto ampio.

È possibile affermare che le dimensioni delle onde Q in associazione a un evento necrotico, come ad esempio l'infarto miocardico, variano notevolmente da persona a persona, e ancora oggi non si dispone di una linea guida standard che ne certifichi la diagnosi.

Il modo più diffuso per valutare un cambiamento significativo di un'onda Q in termini disfunzionali consiste in un periodo uguale o maggiore di quattro secondi associato ad un'ampiezza uguale o maggiore di 1/4 dell'onda R presa nella medesima derivazione.

I criteri concernente l'interpretazione dell'onda Q, al momento utilizzati, si rifanno a delle ricerche effettuate in America e sono i seguenti:

- le onde Q non devono mai essere significativamente alterate nella derivazione aVR;

- le onde Q se si registrano solo in V1;

- le onde Q nella derivazione III non vengono prese in esame se non ci sono delle alterazioni a livello di aVF e II;

- le onde Q tendono a essere più affidabili per formulare una diagnosi di infarto se sono poi associate a delle adulterazioni del segmento ST o dell'onda T sempre nella medesima derivazione rispetto alle onde Q non affiliate ad anomalie del segmento ST.

Un altro criterio comunemente utilizzato è quello definito "scarso incremento dell'onda R". In questa situazione avremo delle onde R, che sono normalmente più piccine in V1 e V2 e aumentano fisiologicamente l'ampiezza quando si dirigono verso il lato sinistro del torace, inoltre, persistono nella loro dimensione senza alcun cambiamento o addirittura diminuiscono. Nell'infarto miocardico si possono ad esempio osservare onde R più alte in V2 o un QS, privo cioè di onda R, nelle seguenti derivazioni V2, V3 e V4.

7.4 Onde ischemiche

A differenza delle onde viste in precedenza, le onde ischemiche sono date dal sotto livellamento del tratto ST e da alcune alterazioni delle onde T. Le alterazioni per essere considerate importanti devono manifestarsi in concomitanza a un attacco ischemico, perché spesso e volentieri sono svincolate dall' ischemia di livello acuto e possono indicare altri stati patologici o essere una diretta conseguenza dell'azione di alcuni medicinali.

In questo caso l'ECG è da considerarsi come uno strumento finalizzato a concretizzare una diagnosi, senza dimenticarsi di analizzare tutto il quadro e non solo una parte. Il sotto livellamento del tratto ST deve essere almeno di un millimetro e deve avere una durata uguale o maggiore di otto secondi.

7.5 Ipertrofia atriale

L'ipertrofia atriale è un ispessimento a carico delle pareti degli atri. In generale, si caratterizza per mezzo di un'onda P positiva nelle derivazioni DI, DII, aVF, V4, V5 eV6 e negativa in aVR. Può verificarsi in un solo atrio (a destra o a sinistra) o interessarli entrambi. In quest'ultimo caso è giusto parlare di ipertrofia biatriale.

Ipertrofia atriale sinistra

L'ipertrofia atriale sinistra è causata da un maggiore lavoro a carico dell'atrio sinistro e si associa sovente all'ipertrofia ventricolare sinistra. Entrambe sono generalmente determinate dall'ipertensione arteriosa, da malattie valvolari aortiche o da cardiomiopatia ipertrofica. Può originarsi anche da una stenosi o da un'insufficienza mitralica.

In presenza di ipertrofia atriale sinistra, si ha quella che viene definita come; P mitralica, un'onda P bifida a forma di M e di durata superiore a 0,12sec ben visibile anche nelle derivazioni; DII, DIII e aVF con una deflessione negativa nella derivazione V1.

Ipertrofia atriale destra

Questa ipertrofia è normalmente causata da un eccesso di pressione o anche di volume a carico del l'atrio destro, che può essere dovuto a specifiche condizioni patologiche come embolia polmonare, insufficienza valvolare tricuspidale. L'ipertrofia atriale destra è spesso associata anche all'ipertensione polmonare, e per questa ragione le caratteristiche onde P che ne derivano, sono anche chiamate P polmonari.

In presenza di ipertrofia atriale destra l'onda P si presenta alta e appuntita con un voltaggio aumentato e superiore a 0,3 mV nelle derivazioni DII, DIII e aVF. È solitamente positiva nella derivazione V1.

Ipertrofia biatriale

L'ingrandimento dei due atri si manifesta al livello del tracciato ECG con un'onda P bimodale o bifasica. L'aumentato voltaggio è diretta conseguenza dell'ingrandimento atriale destro, mentre l'aumento della durata, è dovuto all'ingrandimento atriale sinistro. Così, nelle derivazioni I e II si osserverà una P precoce appuntita, tipica dell'ipertrofia atriale destra, e bifida, tipica dell'ipertrofia atriale sinistra.

Nella derivazione V1 invece, avremo un'onda P bifasica particolarmente accentuata nella sua prima metà, espressione dell'ipertrofia atriale destra, in associazione alla successiva di orientamento negativo, tipica dell'ipertrofia atriale sinistra.

7.6 Ipertrofia ventricolare sinistra

Nell'ipertensione ventricolare sinistra la parete ventricolare si presenta inspessita e pertanto le derivazioni sinistre possono presentare complessi QRS di voltaggio importante soprattutto nelle derivazioni toraciche. Per quello che concerne l'analisi del tracciato ECG, per diagnosticare ipertrofia ventricolare sinistra, ne conseguono i criteri seguenti:

- Aumento dei voltaggi del complesso QRS a livello periferico, con onda R in derivazione I e onda S in derivazione III uguale o superiore a 2,5mV;
- Aumento del voltaggio nelle derivazioni precordiali, con onda S in V1 e onda R in V5 e V6 uguale o superiore a 3,5mV;

- Disfunzioni del tratto ST e dell'onda T: tratto ST sotto livellato e onda T appiattita o inversa nelle derivazioni sinistre;

- Anomalie al livello dell'atrio sinistro e la prima cavità, che si dilatano;

- Deviazione assiale sinistra con asse cardiaco compreso tra -30 e -90.

L'ipertrofia ventricolare sinistra è causata principalmente dall'ipertensione arteriosa, dall'insufficienza della valvola aortica e dall'insufficienza mitralica. Per la sua corretta diagnosi è fondamentale affiancare alla registrazione ECG anche l'analisi ecocardiografica, che consente di rilevare gli spessori delle pareti e i relativi diametri delle cavità.

7.7 Ipertrofia ventricolare destra

Nell'ipertrofia ventricolare destra si rileva un ispessimento della parete del ventricolo destro. Questa alterazione morfologica provoca una depolarizzazione più elevata con il netto aumento dei vettori verso l'elettrodo positivo.

La traccia ECG riporterà quindi un complesso QRS nella derivazione V1 più positivo della norma, accompagnato da un'onda R progressivamente ridotta e spostata dalle derivazioni toraciche sia a destra che a sinistra.

Più nel dettaglio, si osserverà un'onda R piuttosto alta che supera quella della S, nelle seguenti derivazioni V1, V4, V5 e V6. L'ipertrofia ventricolare destra viene associata alle alterazioni della valvola polmonare, e a tutte quelle condizioni che generano un'ipertensione polmonare dove in generale vi è un carico elevato di pressione.

7.8 Infarto del miocardio (IMA)

L'infarto del miocardio viene solitamente classificato in due sottotipi diversi:

- STEMI: quando sono presenti innalzamenti del segmento ST.
- NSTEMI: quando sono presenti abbassamenti del segmento ST e inversioni delle onde T.

La presentazione classica dell'ECG in una condizione di infarto miocardico si caratterizza per un sovra livellamento del tratto ST di circa un millimetro rispetto alla linea isoelettrica, in almeno due derivazioni contigue.

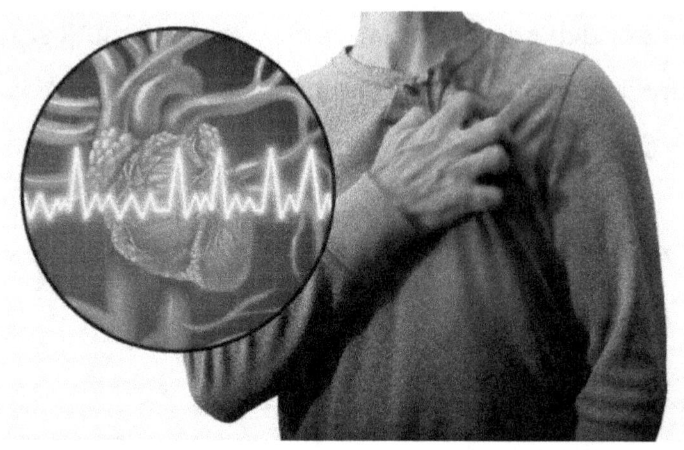

Da un punto di vista clinico possiamo definire l'infarto come la morte di una parte di cuore, o più precisamente della parte sinistra causata dalla carenza di ossigeno dovuta normalmente da un'ostruzione di un ramo arterioso coronarico. L'infarto destro, sebbene clinicamente documentato, è in realtà molto più raro. Quindi, fisiologicamente parlando le cellule e i tessuti necrotici, non conducono alcuno stimolo elettrico e nelle derivazioni della zona infartuata osserveremo lo stimolo elettrico che si allontana da esse.

Ne consegue che i segni ECG saranno i seguenti:

- complesso QRS negativo nelle derivazioni prossime alla zona infartuata, con una sola un'onda Q o al massimo un complesso QS;
- presenza di onde Q patologiche o di onde R più piccole;

L'onda Q rappresenta il segno di necrosi stabilizzata e generalmente compare dopo 8 o 12 ore, ma in alcuni casi può apparire anche dopo o non comparire per nulla. A livello elettrico, indica una zona "muta" e l'elettrodo registrerà solo l'attività della parete opposta. Questa onda Q, classificata come onda di necrosi tissutale, sarà negativa con una durata che va oltre i 0 ,04sec e un'ampiezza di almeno 1/3 del QRS totale.

7.8.1 Localizzazione degli infarti miocardici

La localizzazione degli infarti miocardici viene diagnosticata attraverso il tracciato ECG tenendo conto delle derivazioni coinvolte.

Infarto anteriore

Nella derivazione I e in quelle precordiali si registra l'infarto anteriore, determinato di solito dall'occlusione della discendente anteriore.

Infarto antero-laterale

Se l'area necrotica si registra nelle derivazioni I, aVL e a volte in V5 e V6, allora parliamo di infarto antero-laterale. Questa condizione patologica può originarsi dall'occlusione dell'arteria coronaria o del ramo marginale, oppure da un ramo della discendente anteriore.

Infarto inferiore

Modificazioni ECG a carico delle derivazioni II, III e aVF, ovvero di quelle derivazioni che denotano la conduzione elettrica della parete inferiore, definiscono l'infarto inferiore. Poiché in questa area la maggior parte della superficie cardiaca appoggia sul diaframma, l'infarto inferiore viene anche chiamato "diaframmatico". In alcuni casi, l'area necrotica si propaga anche alla parete cardiaca laterale e, in questo caso, le alterazioni del tracciato ECG si osserveranno anche nelle derivazioni V5 e V6.

Infarto posteriore

La diagnosi dell'infarto posteriore è particolarmente difficile in quanto la parete posteriore cardiaca presenta dimensioni estremamente piccole. Poiché alcuna derivazione standard dell'ECG arriva in questa parete, le alterazioni devono in ogni caso essere rilevate in maniera indiretta, partendo dalle alterazioni speculari che si possono notare sulla parete contrapposta. Queste si registrano nella derivazione V1 e si caratterizzano con un aumento dell'onda R.

7.9 Ischemia miocardica

L'ischemia miocardica si verifica quando il flusso coronarico non è più adeguato a soddisfare le esigenze miocardiche dei substrati metabolici per mantenere un'adeguata funzione cardiaca. È causato in ultima analisi da un'aumentata richiesta di ossigeno che può essere conseguenza di un sovraccarico miocardico dovuto a stenosi coronarica o da trombosi acuta. In entrambe queste condizioni il flusso sanguigno viene ridotto con conseguente riduzione di ossigeno.

Il decorso dell'ischemia miocardica inizia con una perdita di efficienza al livello dei miociti con la compromissione delle pompe ioniche che provoca un eccesso di ioni potassio all'esterno della cellula e un accumulo di ioni sodio e calcio all'interno. In questa condizione viene ridotto significativamente il potenziale di membrana. Questo porta a una riduzione della fase 0 con ripolarizzazione precoce.

Ischemic Heart Disease

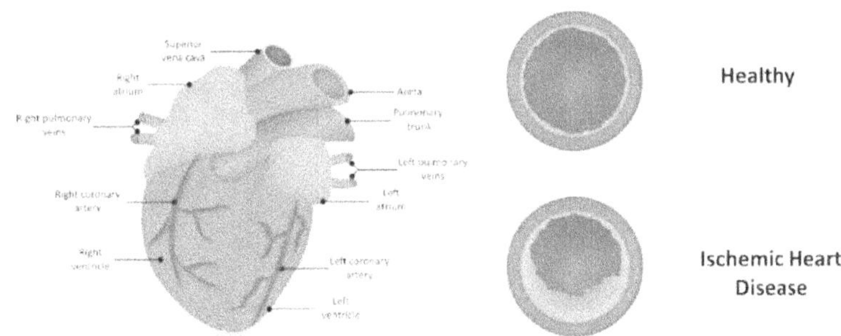

Il tracciato ECG viene notevolmente influenzato dal movimento delle cariche elettriche tra zone normali e quelle ischemiche. A causa della ridotta depolarizzazione il tratto ST si troverà esposto a una corrente di ripolarizzazione, generando nel tracciato ECG le seguenti caratteristiche:

- sotto livellamento del tratto ST di almeno 0,1mV;
- inversione dell'onda T di voltaggio superiore a 0,2 mV e di forma simmetrica in almeno due derivazioni contigue.

7.10 Sindrome di Brugada

Questa sindrome è una patologia caratterizzata da disturbi dell'attività elettrica del cuore senza che vi siano dei problemi evidenti del miocardio. Tali disturbi si originano da un'alterazione a carico dei canali ionici specifici per il sodio. Da un punto di vista ECG si osserva una chiusura di branca destra, e un sovra livellamento del tratto ST nelle derivazioni precordiali della parete destra. È una patologia di natura familiare il più delle volte, che può presentarsi in associazione alla fibrillazione ventricolare e all'infarto improvviso.

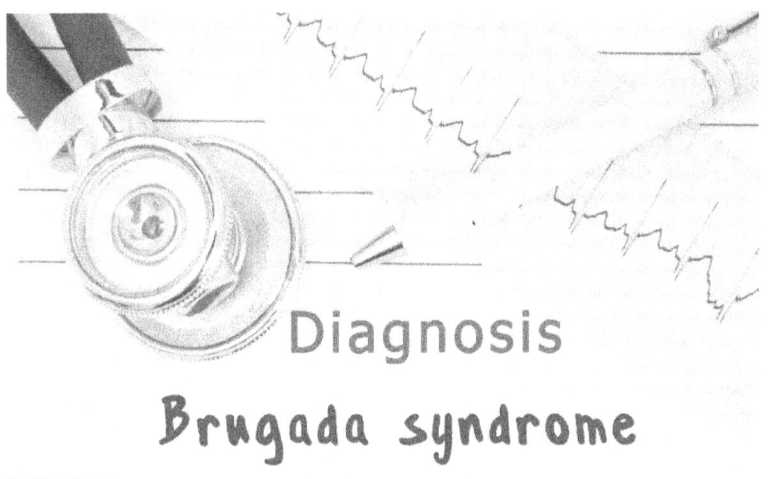

Diagnosis
Brugada syndrome

In accordo con le caratteristiche ECG sono identificati tre tipologie di sindrome di Brugada.

Il tipo 1 si caratterizza per un sovra livellamento del tratto ST chiamato "coved type", in cui si ha un allungamento del punto J di circa 2mm, una progressiva discesa di ST e un'onda T negativa nelle derivazioni V1 e V2. Nelle derivazioni precordiali del lato sinistro l'onda S risulta assente o con un'ampiezza decisamente più bassa in confronto all'onda J delle derivazioni precordiali di destra.

Il tipo 2 mostra un allungamento del punto J di almeno 2mm e un sovra livellamento del tratto ST di circa un millimetro, associati ad un'onda T positiva. Il tracciato caratteristico del tipo 2 di questa sindrome può essere esaminato talvolta anche nelle persone che non presentano dei problemi o sintomi, per questa ragione si raccomanda l'ausilio integrato di altre metodologie diagnostiche.

Il tipo 3 mostra un tracciato del tutto sovrapponibile a quello di tipo 2 ad eccezione dell'onda T che deve essere sempre positiva. Anche questo tipo di disturbo è molto frequente nella popolazione sana e considerato totalmente aspecifico se non evolve nel tipo 1 che rappresenta la sindrome di Brugada vera e propria.

7.11 Il Pacemaker chirurgico

In molte delle patologie sopra esposte si rende necessario il ripristino della normale attività elettrica cardiaca attraverso un intervento chirurgico che consente di correggere il difetto morfologico attraverso l'impianto di un pacemaker. Letteralmente, il termine significa "facilitatore del ritmo" ed è uno strumento artificiale in grado di fornire uno stimolo elettrico e quindi iniziare il processo di depolarizzazione che innesca il ciclo cardiaco.

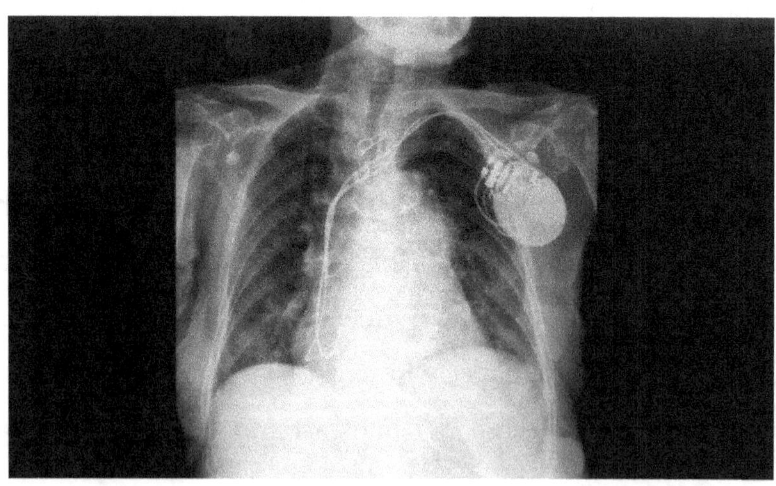

Il pacemaker si compone di un apparato elettronico e di un catetere stimolatore, inserito nell'atrio destro, nel ventricolo o in entrambi, capace di erogare uno stimolo elettrico che si diffonderà attraverso vie di conduzione cardiache alternative. Questo spiega come mai in un tracciato ECG con un ritmo da pacemaker non troveremo le onde classiche o le troveremo di forma e dimensioni diverse.

Un tracciato ECG con ritmo da pacemaker si riconosce in quanto presenta una o più onde chiamate "SPIKE", che hanno solitamente la forma di una riga e che sono generalmente meglio analizzabili con altre tecniche di registrazione. Lo SPIKE si presenta come un'onda di durata molto breve e di grande ampiezza. Le onde P o i complessi QRS avranno forma e durata alterate a ragione della diversa sede di origine dello stimolo e delle differenti vie seguite nella diffusione dello stimolo stesso.

CAPITOLO 8
ALTERAZIONI ELETTROLITICHE

Gli elettroliti sono dei minerali, contenuti nell'organismo, dotati di una carica elettrica e quindi in grado di generare meccanismi di conduttanza elettrica. Come abbiamo visto sono fondamentali per i processi di depolarizzazione della membrana delle cellule cardiache e per il corretto equilibrio del potenziale di membrana. Trattandosi di elementi elettrici, la loro attività è facilmente osservabile nel tracciato ECG attraverso l'analisi delle onde e delle strutture che abbiamo descritto in precedenza, così come disfunzioni che possono essere associate a condizioni patologiche.

Queste alterazioni nelle concentrazioni degli elettroliti plasmatici possono determinare dei deficit nel processo di ripolarizzazione, andando a modificare il tratto ST, l'onda T e l'intervallo QT. I disordini elettrolitici si riscontrano frequentemente nei pazienti affetti da patologie cardiache e possono contribuire a peggiorarne la prognosi.

Le anomalie possono essere correlate anche ai trattamenti e alle terapie utilizzate per la cura di tali pazienti.

L'identificazione precoce e il trattamento tempestivo per correggere questi disordini, è fondamentale per migliorare la terapia e la diagnosi nei pazienti affetti da patologie cardiache. I più importanti sistemi elettrolitici associati alla funzionalità cardiaca sono quelli del potassio, del calcio, del magnesio e del sodio.

8.1 Alterazioni del potassio: iperkaliemia e ipokaliemia

Ci si riferisce all'iperpotassiemia (o iperkaliemia) quando il valore plasmatico del potassio supera i 5,5mmol/L, ed è considerato grave sopra 6.6mmol/L. Le cause più comuni di iperkaliemia sono le più svariate e vanno dall'insufficienza renale, alla necrosi tissutale, fino all'utilizzo di alcuni farmaci come ACE-inibitori, spartani o antinfiammatori Fans.

Nei pazienti con iperpotassiemia è possibile osservare delle alterazioni del tracciato ECG che permettono effettuare diagnosi insieme al dosaggio della potassemia. In caso di accertata diagnosi è importante proteggere il cuore applicando una terapia che sposti il potassio all'interno delle cellule cardiache.

Nel tracciato ECG è possibile osservare un appiattimento delle onde P, delle onde T alte e con un leggero picco, un complesso QRS più largo e un sotto livellamento del tratto ST. La condizione di iperpotassiemia è spesso associata a bradiaritmia, tachiaritmia ventricolare e asistolia.

Inoltre, all'aumentare dei livelli di potassio nel sangue, l'intervallo PR si estende e prolunga anche la durata de QRS, e nei casi al limite potrebbe insorgere una fibrillazione ventricolare.

Si parla di invece di ipopotassemia (o ipokaliemia), quando la quantità di potassio nel sangue si attesta a meno 3 ,5mmol/L, c'è da preoccuparsi se risulta meno di 2 ,5mmol/L. Il paziente con ipopotassemia può manifestare spossatezza, crampi importanti e difficoltà a respirare. È possibile osservare delle alterazioni comuni nel tracciato, come ad esempio, l'apparizione di un'onda U, le alterazioni del tratto ST, le aritmie ventricolari.

L'ipopotassiemia può produrre evidenti alterazioni del tracciato ECG. Quelle più frequenti e documentate sono: sotto livellamento del tratto ST, appiattimento dell'onda T e comparsa o accentuazione dell'onda U, rappresentata come la deflessione che segue l'onda T. In seguito a trattamento, le onde U tendono a diminuire fino a scomparire, lasciando la giusta proporzione alle onde T.

8.2 Alterazioni del calcio: ipercalcemia e ipocalcemia

L'ipercalcemia è una condizione molto comune in pazienti affetti da patologie cardiache, tumori e ipertiroidismo. I sintomi vanno dalla confusione mentale all'astenia, fino all'ipotensione prolungata. Il tracciato ECG di pazienti affetti da ipercalcemia si presenta con un accorciamento dell'intervallo QT e un allargamento del complesso QRS, associati ad un appiattimento delle onde T.

Bassi livelli sierici di calcio, (ipercalcemia) sono generalmente associati ad una insufficienza renale, un'intossicazione da calcio-antagonisti. Il tracciato ECG si presenta con un allungamento dell'intervallo QT e una negativizzazione delle onde T.

8.3 Alterazioni del magnesio: ipomagnesemia

Si definisce ipomagnesemia quella condizione in cui la concentrazione plasmatica di magnesio è minore di 1,5mg/dl, è considerata grave quando i livelli sierici di questo ione sono minori di 1mg/dl. Compare solitamente insieme ad altre alterazioni elettrolitiche come l'ipocalcemia e l', spesso non rispondenti ad altri trattamenti. In particolare, l'ipomagnesemia associata all' ipokaliema rappresenta un importante elemento di rischio per la crescita di severe aritmie.

Le manifestazioni cliniche includono solitamente disturbi neuromuscolari e neuropsichiatrici. Le alterazioni a carico del tracciato ECG sono: l'allungamento degli intervalli PR e QT, l'appiattimento o inversione dell'onda T e la perdita della concavità verso l'alto del segmento ST.

8.4 Alterazioni del sodio: ipernatremia e iponatremia

Sull'alterazione del sodio diremo soltanto che oscillazioni importanti di questo elettrolita, soprattutto in diminuzione, sono associati a gravi problemi o patologie neurologiche, in quanto la carenza o l'aumento importante di acqua che ne deriva, si manifesta innanzitutto al livello del liquido cerebrospinale.

Poiché questa condizione non presenta alterazioni ECG importanti in forma precoce, ma risulta essere associata ad alterazioni di altri elettroliti, è sempre consigliato, in caso di altre disfunzioni elettrolitiche, effettuare un dosaggio ematico di sodio per scongiurare le comparse di sintomi neurologici gravi che possono anche portare alla morte improvvisa.

CAPITOLO 9
ECG NEL PAZIENTE IPERTESO

L'ipertensione è uno quello stato clinico, di natura costante, in cui la pressione arteriosa a riposo è elevata rispetto ai valori che vengono classificati come normali. A livello fisiologico la pressione arteriosa, o pressione arteriosa sanguigna, è definita come la forza esercitata dal sangue contro le pareti dei vasi sanguigni, come conseguenza dell'effetto di pompa esercitato dal cuore.

Viene misurata in millimetri di mercurio (mmHg), mantenendo il soggetto in totale stato di riposo. Si identificano solitamente due valori soglia che sono i valori di pressione sistolica e diastolica, che sono conosciuti come pressione massima e minima.

La pressione sistolica indicala pressione del cuore in fase di contrazione, mentre la pressione diastolica indica la pressione arteriosa quando il cuore si rilassa. Una pressione fisiologica in una persona sana si attesta su dei valori compresi tra 90 e 129 mmHg per quanto riguarda la pressione sistolica, e valori compresi tra 60 e 84 mmHg per quanto riguarda la pressione diastolica. Tuttavia, il suo valore può variare notevolmente da soggetto a soggetto in funzione di diverse caratteristiche cardiache e cardiovascolari come:

- la forza di contrazione cardiaca;

- la gittata sistolica, ovvero il sangue che esce dal cuore ogni volta che effettua una contrazione;

- la frequenza cardiaca, cioè il numero di battiti cardiaci al minuto;

- le resistenze periferiche, cioè le resistenze opposte alla circolazione del sangue dallo stato di costrizione dei piccoli vasi arteriosi;

- l'elasticità dell'aorta e delle grandi arterie;

- la volemia vale a dire il volume totale di sangue circolante nel corpo.

L'ipertensione è la singola causa di morte più prevenibile secondo l'OMS. L'ipertensione cronica causa l'irrigidimento delle arterie che porta alla riflessione delle onde precoci, aumentando il picco della pressione sistolica e la domanda di ossigeno del miocardio, mentre diminuisce l'apporto di sangue nel muscolo cardiaco. L'elettrocardiogramma è lo strumento di prima linea per riconoscere e diagnosticare questi cambiamenti. Infatti, diversi cambiamenti ECG come l'ipertrofia ventricolare sinistra, la depressione del segmento ST, le onde T anormali, le onde Q patologiche, il QRS prolungato, sono stati osservati frequentemente nei pazienti ipertesi cronici.

L'ipertensione è anche il principale fatto re di rischio associati agli eventi cardiovascolari. Numerosi studi scientifici suggeriscono che la disfunzione ventricolare sinistra diastolica può essere la prima sequenza rilevabile in un ECG standard a 12 derivazioni e che può precedere l'insorgenza di ipertrofia ventricolare sinistra. Entrambe queste situazioni sono manifestazioni cliniche dell'ipertensione e il loro continuo monitoraggio permettere di tenere sotto controllo il disturbo nel suo insieme. Il tempo di attivazione ventricolare, in millisecondi, sul tracciato ECG calcolato dall'inizio del QRS fino al picco osservabile dell'onda R (che abbiamo visto rappresentare l'intervallo QR) insieme alle peculiarità dell'onda P, predice la disfunzione diastolica e la rigidità ventricolare sinistra. Inoltre, nuovi marcatori ECG rappresenterebbero degli strumenti in aggiunta per lo screening precoce della malattia. Ad oggi, ECG rimane la pietra miliare della diagnosi dell'ipertrofia ventricolare sinistra nella pratica clinica, perché è universalmente disponibile, tecnicamente facile da eseguire e altamente specifico. Nelle più recenti raccomandazioni in riguardo al trattamento dell'ipertensione, il criterio della tensione di Sokolow-Lyon è stato raccomandato come facente parte di ogni esame di prassi per i soggetti con ipertensione.

Tra la popolazione ipertesa asintomatica, i parametri ECG della disfunzione diastolica hanno presentato una correlazione significativa con l'aumentare della pressione del sangue sia a livello sistolica che diastolica. Anche la progressione della gravità della disfunzione diastolica è associata a un aumento dei valori della pressione sanguigna. Il processo di rimodellamento miocardico inizia prima della comparsa dei sintomi, quindi i parametri ecografici della disfunzione diastolica sono sensibili ai primi cambiamenti fisiopatologici del miocardio.

L'insufficienza cardiaca diastolica può provocare manifestazioni cliniche e limitazioni nella vita quotidiana. È stato stimato che circa 20 milioni di pazienti in 51 paesi europei hanno prove ecocardiografiche di disfunzione diastolica. Il 50% dei pazienti con insufficienza cardiaca congestizia manifesta una disfunzione diastolica senza riduzione della frazione di eiezione. Il tasso di mortalità della disfunzione diastolica lieve è di circa il 10% in un periodo di cinque anni e sale al 25% nella disfunzione diastolica da moderata a grave.

9.1 Ipertensione e ipertrofia ventricolare sinistra: criteri ECG

Uno studio italiano ha dimostrato che il 15% dei pazienti con ipertensione lieve-moderata presenta episodi di depressione del segmento ST durante il monitoraggio Holter. Ma non solo.

L'ipertensione cronica è associata al prolungamento del tratto QT nel tracciato ECG e anomalie più frequenti si trovano in ipertesi cronici con ipertrofia ventricolare sinistra, e inversione dell'onda T.

L'ipertensione di lunga durata causa l'ipertrofia del cuore, soprattutto l'allargamento del ventricolo sinistro che porta molti esiti avversi fino a un'insufficienza cardiaca evidente. Quindi, è necessaria la massima precauzione e la consapevolezza diffusa tra le persone, per mantenere la pressione sanguigna ottimale dal momento iniziale della diagnosi. Inoltre, il follow-up regolare e i farmaci sono necessari per la longevità e il benessere fisico.

Infatti, l'aumento della massa ventricolare sinistra, non è l'unico determinante dei cambiamenti del complesso QRS, ma è piuttosto una combinazione di rimodellamento anatomico ed elettrico che crea l'intero spettro del prolungamento della durata del complesso QRS visto nei pazienti con ipertrofia ventricolare sinistra. Inoltre, la relazione tra l'ampiezza del complesso QRS e la massa ventricolare sinistra nelle prime fasi della patologia ha rivelato una tensione QRS inferiore rispetto al normale. Questo viene attribuito ai cambiamenti nelle proprietà elettrogenetiche del miocardio nella fase iniziale dell'ipertrofia ventricolare sinistra, rafforzando la teoria che il rimodellamento elettrico gioca un ruolo chiave e può precedere il rimodellamento anatomico rilevabile

9.2 Tempo di attivazione ventricolare e disfunzione ipertensiva

L'attivazione inizia sul lato sinistro del setto interventricolare circa 0,015 secondi prima del lato destro. Tuttavia, poiché il ramo laterale sinistro del fascio di His entra nel setto più in alto del ramo laterale destro, il maggiore spessore miocardico del setto laterale sinistro e la prima uscita sul lato destro sono nella cavità media del ventricolo destro; questo facilita l'attivazione più veloce sul setto destro, e la prima direzione di uscita del vettore è essenzialmente verso la cavità media destra.

Questa prima onda di movimento elettrico è un fatto piuttosto importante in quanto è la normale onda Q settale nelle derivazioni I, aVL, V5 e V6. L'apice cardiaco si depolarizza immediatamente dopo il setto del ventricolo destro che riflette l'onda R sul tracciato ECG nelle derivazioni I, II e III. La depolarizzazione del ventricolo destro avviene rapidamente e si completa prima di quella del sinistro a causa della struttura muscolare più sottile del ventricolo destro, in rapporto a quella del sinistro. La terza onda è la diffusione della depolarizzazione verso la parete del ventricolo sinistro e coincide con l'ampiezza dell'onda R in II e I derivazione e un'onda S in III.

Il tempo di attivazione ventricolare o deflessione intrinseca, è misurato in millisecondi sull'ECG a partire dall'inizio del complesso QRS al picco dell'onda R (intervallo QR). Uno studio prospettico in pazienti con nuova diagnosi e ipertensione non trattata ha messo in luce il ruolo del tempo di attivazione ventricolare e della morfologia/durata delle onde P per il rilevamento della disfunzione diastolica.

Questo studio ha convalidato il ritardo del tempo di attivazione ventricolare nel miocardio, apparentemente strutturalmente normale, come unico marcatore ECG per indicare il grado di rigidità ventricolare sinistra nella disfunzione diastolica.

9.3 L'onda P nella disfunzione ipertensiva

La forza terminale dell'onda P registrata nella derivazione V1 è considerata come un marcatore ECG di nuova generazionc, con un forte valore prognostico per gli eventi cardiovascolari associati ad ipertensione. Tale forza è definita come il prodotto dell'ampiezza della negativa dell'onda P in V1 (cioè, ogni piccolo quadrato misurato ugualmente in mm) e la durata (ms).

Un valore di riferimento negativo delle forze terminali dell'onda P superiore e/o uguale a 40mm/ms è da considerarsi come un predittore di arresto del cuore, di ospedalizzazione per insufficienza cardiaca ed è associato a un aumento del rischio di incorrere nella fibrillazione atriale e cardiopatia ischemica. Inoltre, questo importante marcatore del tracciato ECG è associato a eventi cerebrovascolari do tipo ischemici e non.

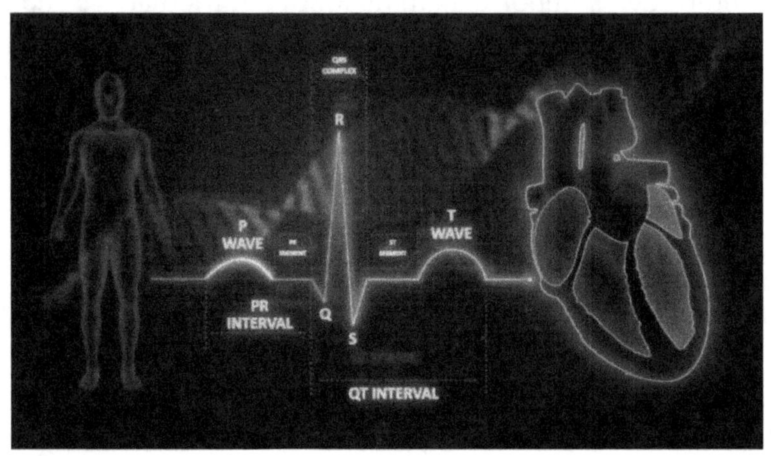

La spiegazione fisiopatologica dell'effetto è da ricercare nel fatto che l'ipertensione è collegata al verificarsi della disfunzione diastolica a causa dei cambiamenti di pressione atriale sinistra, derivanti da elevate pressioni diastoliche del ventricolo sinistro. Questi cambiamenti, a loro volta, vengono trasmessi all'atrio sinistro, portando a un continuo stiramento e alla formazione di cicatrici sulla parete cardiaca atriale. Inoltre, i cambiamenti atriali si verificano principalmente in modo secondario rispetto alla tensione di pressione trasmessa alle pareti atriali dovuta all'aumento della resistenza nella fase iniziale del riempimento diastolico.

Successivamente, la parete atriale rimodellata e geometricamente modificata, può ostacolare la propagazione dell'impulso elettrico, portando a un aumento della tensione e del tempo di conduzione e alle alterazioni descritte dal tracciato ECG.

Una forza terminale dell'onda P alterata, riflette questi cambiamenti geometrici della parete atriale in disfunzione diastolica, a causa della propagazione elettrica ritardata nel tessuto atriale. L'ampiezza e la durata dell'onda P insieme hanno un valore diagnostico superiore nella valutazione della pressione diastolica e di una sua eventuale disfunzione, rispetto alla sola durata dell'onda P.

Quindi la forza terminale dell'onda P, intesa come rapporto tra la sua ampiezza e la sua durata, è da considerarsi come marcatore ECG validato, grazie ad una serie di studi che hanno comparato i valori di questo indice, con parametri diastolici tradizionali valutati mediante ecocardiografia.

9.4 Dispersione delle onde P nella disfunzione ipertensiva

La dispersione delle onde P è definita come la differenza in millisecondi tra la durata dell'onda P più lunga e la durata di quella più corta su un tracciato ECG standard a 12 derivazioni. La dispersione delle onde P è stata ampiamente studiata in varie condizioni cardiovascolari e non soltanto cardiache. Attualmente, questo misura, viene considerata come un indice non invasivo utile per valutare il rischio di sviluppare la fibrillazione atriale.

Nella disfunzione ipertensiva, la propagazione dell'attività elettrica attraverso gli atri nei pazienti ipertesi, è causa di accumulo di tessuto cicatriziale associato ad una dispersione più lunga delle onde P correlata ai parametri della funzione diastolica compromessa. Inoltre, un'alterazione della dispersione delle onde P è riportata anche in pazienti con disfunzione ipertensiva allo stato precoce.

9.5 Rimodellamento elettrico nella disfunzione ipertensiva

La disfunzione diastolica ventricolare è una manifestazione cardiaca precoce dell'ipertensione che precede il rilevamento dell'ipertrofia ventricolare sinistra sul tracciato ECG. Il rimodellamento elettrico a seguito di tali disfunzioni ha un impatto sulla velocità di conduzione e sulla propagazione degli impulsi, generando dei complessi QRS di durata alterata.

È importante mettere in rilievo che i ben noti criteri di voltaggio ECG nell'ipertrofia ventricolare sinistra, indotti da un'alta pressione sanguigna di lunga durata, non possono identificare in modo indipendente le anomalie diastoliche. Il rimodellamento elettrico cardiaco può essere quindi associato a una disfunzione cardiaca diastolica precoce (cioè, ritardi di velocità) e può precedere qualsiasi aumento della massa ventricolare sinistra e lo sviluppo di un'ipertrofia ventricolare sinistra nell'ipertensione non diagnosticata.

Infatti, diversi studi scientifici effettuati su pazienti ipertesi, supportano il fatto che la disfunzione diastolica si verifica in una fase precoce nel corso dell'ipertensione e precede un'ipertrofia ventricolare sinistra misurabile.

L'importanza della diagnosi di disfunzione cardiaca diastolica è quindi legata alla massiva e ampia prevalenza dell'ipertensione. Poiché l'ipertensione è una malattia asintomatica e insidiosa, i segni precoci ECG per il rimodellamento elettrico cardiaco forniscono una ricchezza di informazioni per la diagnosi della malattia e di tutte le alterazioni cardiache ad essa collegate nei vari stadi del suo sviluppo.

CAPITOLO 10
ALTERAZIONI ECG ASSOCIATI A FARMACI E TOSSINE

Ci sono numerose tossine e farmaci che possono causare, in sovradosaggio, cambiamenti del tracciato ECG, anche in pazienti senza storia di patologia cardiaca. La diagnosi e la gestione dei pazienti con un ECG anormale generato da una condizione di tossicità specifica, può mettere in difficoltà anche i medici esperti. Si deve avere una seria conoscenza della fisiologia cardiaca di base, al fine di comprendere i cambiamenti ECG associati a vari farmaci e tossine.

I principali meccanismi coinvolti includono l'azione depressiva di membrana, e l'azione sul sistema nervoso e i suoi siti di azione cardiovascolare (bloccanti beta-adrenergici e altri inibitori simpatici, sostanze simpaticomimetiche, anticolinergiche e colinomimetiche). Molte tossine e farmaci hanno azioni che coinvolgono più di uno di questi meccanismi, tra cui ipossia, squilibri elettrolitici e metabolici, e quindi possono provocare una combinazione di cambiamenti elettrocardiografici.

In stato di riposo, la membrana cellulare miocardica è impermeabile agli ioni di sodio caricati positivamente (Na+). La membrana mantiene un potenziale elettrico negativo di circa 90 mV nel miocita.

Il rapido sbocco dei canali del Na+ e il massiccio afflusso di Na+ (fase 0 del potenziale d'azione che abbiamo incontrato nel corso del testo) spiegano la depolarizzazione a livello della membrana cellulare cardiaca, causando la rapida salita del potenziale d'azione cardiaco, che viene condotto attraverso i ventricoli e viene espresso come il complesso QRS nel tracciato ECG.

L'interruzione dei canali Na+ e l'apertura transitoria dei canali di efflusso del potassio (K+) segnano il picco più elevato del potenziale d'azione.

Nella fase successiva del potenziale d'azione si assiste all'apertura dei canali lenti del calcio (Ca2+) che determina un afflusso di ioni positivi con un mantenimento costante del potenziale di membrana e la conseguente contrazione del cuore.

La fine del processo ciclico del cuore è segnata dalla chiusura dei canali del Ca2+ e dall'avvio dei canali di efflusso del K+, che consentono al potenziale d'azione di tornare allo stato di riposo di -90 mV. Questo efflusso di K+ dalla cellula miocardica è direttamente responsabile dell'intervallo QT sul tracciato ECG.

Durante l'ultima fase del potenziale d'azione della cellula cardiaca, alcune fibre cardiache permettono agli ioni di sodio di penetrare nella cellula, aumentando in questo modo il potenziale di membrana nello stato di riposo, noto anche con il termine di; depolarizzazione diastolica spontanea. Quando viene raggiunta la soglia del potenziale di membrana, i canali Na+ si aprono e viene generato un nuovo potenziale.

La contrazione del miocardio atriale e ventricolare e la conduzione nel sistema His-Purkinje dipendono dall'ingresso del sodio attraverso i canali veloci del sodio nella fase 0 del potenziale d'azione, diversamente la conduzione nel nodo senoatriale e nel nodo atrioventricolare dipende dall'entrata del Ca2+ nel corso della fase 0 attraverso i canali lenti del Ca2+.

L'attività cardiaca è controllata, tra gli altri meccanismi, dal sistema nervoso autonomo. Le fibre simpatiche aumentano la frequenza cardiaca, la velocità di conduzione del nodo atrioventricolare e la contrattilità del miocardio. La norepinefrina rilasciata dalle fibre postgangliari porta a un'interazione con i recettori beta 1-adrenergici cardiaci, aumentando la permeabilità delle cellule a Na+ e Ca2+, con un aumento della contrattilità, eccitabilità e conduzione. Le fibre parasimpatiche postgangliari innervano il nodo del seno e il nodo atrioventricolare. La stimolazione dei recettori muscarinici attraverso il rilascio di acetilcolina diminuisce l'eccitabilità atriale e rallenta la conduzione degli impulsi ai ventricoli.

In caso di sovradosaggio o di esposizione tossica, le anomalie ECG, in particolare le aritmie, sono prodotte dagli effetti simpaticomimetici diretti o indiretti, dagli effetti anticolinergici, dagli effetti dell'alterazione della regolazione del sistema nervoso centrale sul sistema autonomo periferico e dalla depressione della membrana miocardica. La genesi delle aritmie nel paziente esposto a un sovradosaggio farmacologico si basa sugli stessi tre meccanismi del paziente ischemico: formazione anormale dell'impulso, conduzione anormale dell'impulso e attività innescata. I fattori che contribuiscono ai cambiamenti dell'ECG sono ipotensione, ipossia, squilibri acido-base ed elettrolitici.

10.1 Farmaci di membrana e tossine

Le cardiotossine sono responsabili dei cambiamenti dell'ECG attraverso una combinazione di effetti depressivi di membrana, disturbi autonomici e cambiamenti metabolici. La gravità di un blocco di conduzione indotto dalla tossina varia a seconda della tossina coinvolta e del suo sito d'azione.

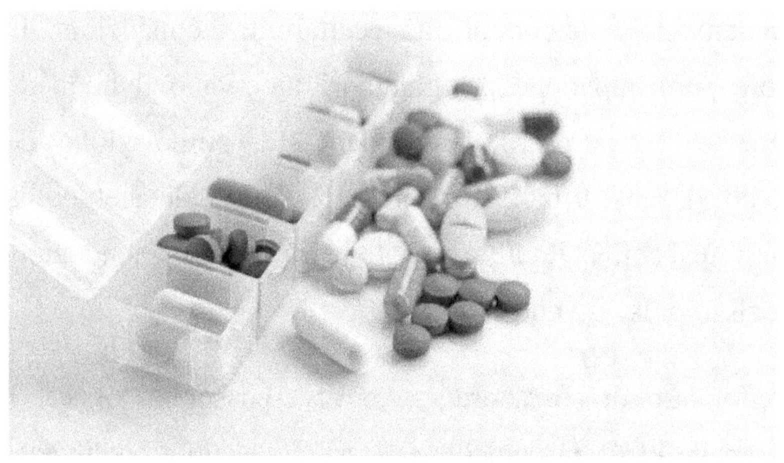

10.1.1 Bloccanti dei canali del sodio

L'inibizione dei canali veloci del Na+, nella fase 0 del potenziale d'azione, diminuisce la velocità di salita e la grandezza del potenziale d'azione nelle fibre di Purkinje e nelle cellule miocardiche atriali e ventricolari. Di conseguenza, la salita della depolarizzazione è rallentata e il complesso QRS diventa più ampio. In una situazione tossicologica, l'allargamento del complesso QRS probabilmente deriva direttamente dal blocco del canale Na+ o indirettamente dall'iperkaliemia indotta dalla tossina.

I principali cambiamenti ECG a seguito di terapia con bloccanti dei canali del sodio sono:

- Allargamento del complesso QRS;
- il Blocco di branca destra;
- Aumento dell'onda R nella derivazione aVR;
- Deviazione verso destra dell'asse QRS;

- Tachicardia ventricolare (VT) e fibrillazione ventricolare (VF), Bradicardia con ampio complesso QRS;
- Asistolia;
- Cambiamenti nel tratto ST e nell'onda T coerenti con una sindrome ischemica.

Il blocco diretto indotto dalla tossina dei canali Na+ cardiaci causerà un allargamento del complesso QRS, ed è stato descritto come un effetto di stabilizzazione della membrana, un effetto anestetico locale. Alcuni farmaci di questa categoria possono anche influenzare altri trasferimenti ionici miocardici, come l'afflusso di Ca2+ e l'efflusso di K+. Sono possibili anche altre configurazioni anomale del complesso QRS. Nei casi più gravi, l'allargamento del complesso QRS diventa così profondo che l'origine ultima del disturbo del ritmo è impossibile da distinguere.

L'elevazione dell'onda R in aVR maggiore o uguale a 3 mm è l'unica variabile ECG che indica significativamente il rischio di convulsioni e aritmie nell'avvelenamento acuto da antidepressivi triciclici. Inoltre, il prolungamento dell'intervallo QT può verificarsi con l'avvelenamento da antidepressivi triciclici, così come la deviazione verso destra dell'asse terminale di 40 msec e dell'asse QRS del piano frontale. Il prolungamento continuo del complesso QRS può risultare in un modello di onda sinusoidale ed eventuale asistolia.

I bloccanti dei canali Na+ possono determinare una conduzione intraventricolare rallentata, un blocco unidirezionale, lo sviluppo di un circuito rientrante. Poiché molti degli agenti bloccanti del canale Na+ hanno anche effetti anticolinergici o simpaticomimetici, le bradiaritmie sono rare.

Nell'avvelenamento da Na+ con farmaci anticolinergici e simpaticomimetici, la combinazione di un ampio complesso QRS e bradicardia è un segno di avvelenamento grave, indicando che il blocco del canale Na+ è così profondo che la tachicardia non si verifica, nonostante l'antagonismo muscarinico clinico o l'agonismo adrenergico. Tuttavia, la bradicardia può verificarsi a causa della depolarizzazione rallentata delle cellule pacemaker che dipendono dall'ingresso di ioni Na+.

10.1.2 Bloccanti dei canali del calcio lenti (CCB)

Tutti i CCB inibiscono il canale L-type del calcio (Ca2+) sensibile al voltaggio all'interno della membrana cellulare. Nelle cellule pacemaker del nodo senoatriale e del nodo atrioventricolare, il canale ionico primario, che controlla la depolarizzazione, è il canale lento del Ca2+. Quando è inibito, c'è un rallentamento o un'inibizione del tessuto specializzato per condurre un impulso.

I cambiamenti ECG a seguito di questi farmaci sono:

- Bradicardia sinusale;
- Tachicardia riflessa (es. Nifedipina) Vari gradi di blocco AV;
- Arresto sinusale con ritmo AV giunzionale
- Asistolia
- Complesso QRS ampio
- Cambiamenti ST/T

Nella tossicità del CCB si verifica inizialmente una bradicardia sinusale, seguita da vari gradi di blocco atrioventricolare. Può apparire un ampio complesso QRS, causato da ritmi di fuga ventricolari o dal blocco del canale Na+ indotto dal CCB che ritarda la fase 0 della depolarizzazione. Sono stati riportati passaggi improvvisi da bradiaritmie ad arresto cardiaco.

Inoltre, i cambiamenti ECG associati all'ischemia cardiaca possono verificarsi come risultato dell'ipotensione e dei cambiamenti nello stato cardiovascolare, specialmente in pazienti con malattia cardiaca preesistente.

10.1.3 Bloccanti dei canali del potassio verso l'esterno

I farmaci della categoria dei bloccanti dell'efflusso del K+ bloccano il flusso di K+ verso l'esterno dagli spazi intracellulari a quelli extracellulari. Il blocco delle correnti di K+ verso l'esterno può prolungare il potenziale d'azione del ciclo cardiaco. La principale manifestazione elettrocardiografica è il prolungamento dell'intervallo QT (maggiore di 0,45 secondi negli uomini e 0,47 secondi nelle donne).

Il ritardo della ripolarizzazione fa sì che la cellula miocardica abbia meno differenza di carica attraverso la sua membrana, e che si verifichi l'attivazione della corrente di depolarizzazione interna (post-depolarizzazione precoce), che si vede sull'ECG come onde U prominenti. Questo può promuovere l'attività innescata, che potenzialmente può progredire verso il rientro. Il blocco indotto dalla tossina dei canali di efflusso del K+ durante la fase 3 del potenziale d'azione corrispondente alla ripolarizzazione e al prolungamento dell'intervallo QT, può mettere il paziente a rischio.

Cambiamenti dell'ECG associati all'effetto dei bloccanti dei canali del potassio verso l'esterno:

- Prolungamento dell'intervallo QT;
- Anomalie delle onde T o U;
- Battiti ventricolari prematuri seguiti da Tachicardia sinusale

Molti di questi farmaci hanno altri effetti che possono portare a significativi cambiamenti elettrocardiografici, come gli antipsicotici, che possono causare il blocco dei recettori muscarinici dell'acetilcolina e alfa-adrenergici e il blocco dei canali K+, Na+ e Ca2+ delle cellule cardiache.

Questi effetti portano alla tachicardia sinusale (secondaria all'effetto anticolinergico) o alla tachicardia riflessa (secondaria al blocco alfa-adrenergico).

10.1.4 Bloccanti dell'ATPasi sodio-potassio

I glicosidi cardiaci inibiscono la pompa Na+/K+ adenosina trifosfatasi (Na+/K+ATPasi). Di conseguenza, c'è un'inibizione del trasporto attivo di Na+ e K+ attraverso la membrana cellulare, il Na+ intracellulare aumenta e lo scambiatore Na+/Ca2+ è attivato secondariamente. Il livello intracellulare di Ca2+ aumenta e aumenta l'attività delle miofibrille nei miociti cardiaci, il che si traduce in un effetto inotropo positivo e in una maggiore automaticità.

I glicosidi cardiaci aumentano anche il tono vagale che può portare a una depressione diretta del nodo atrioventricolare. I derivati della digitale in dosi terapeutiche sono usati per aumentare la contrattilità miocardica o rallentare la conduzione atriventricolare. Modificano l'ECG con cambiamenti noti come "effetto digitale", espresso da onde T anormali invertite o appiattite accoppiate con depressione del segmento ST (più pronunciata nelle derivazioni con onde R alte), accorciamento dell'intervallo QT (come risultato della diminuzione del tempo di ripolarizzazione ventricolare), allungamento dell'intervallo PR (maggiore attività vagale), e onde U prominenti.

Cambiamenti ECG associati a bloccanti dell'ATPasi sodio-potassio:

- Attività eccitante: battiti prematuri atriali e giunzionali, tachicardia atriale, flutter atriale (raro), ritmi giunzionali accelerati;

- Attività soppressiva: bradicardia sinusale, blocco sinoatriale, blocco atrioventricolare, blocchi di branca;

- Combinazione di questi: tachicardia atriale con blocco atrioventricolare, bradicardia sinusale con tachicardia giunzionale.

Le anomalie elettrocardiografiche con tossicità del glicoside cardiaco sono il risultato di un aumento dell'automaticità (da un aumento del Ca^{2+} intracellulare) accompagnato da una conduzione rallentata attraverso il nodo atrioventricolare. Nel 10%-15% dei casi, i ritmi ectopici saranno il primo segno di intossicazione. Il blocco atrioventricolare o un aumento dell'automaticità ventricolare sono le manifestazioni più comuni della tossicità della digossina e hanno dimostrato di verificarsi nel 30% al 40% dei casi verificati di tossicità.

Le aritmie aspecifiche consistono in contrazioni ventricolari premature (soprattutto bigemine e multiformi), blocco atrioventricolare di primo, secondo e terzo grado, bradicardia sinusale, tachicardia sinusale, blocco o arresto seno-atriale, fibrillazione atriale con risposta ventricolare lenta, tachicardia atriale, ritmo di fuga giunzionale, dissociazione atrioventricolare.

10.2 Farmaci e tossine che agiscono sul sistema nervoso autonomo

In un avvelenamento acuto, i cambiamenti ECG, specialmente le aritmie, possono essere spiegati dagli effetti simpaticomimetici diretti o indiretti, dagli effetti anticolinergici e dagli effetti dell'alterata regolazione del sistema nervoso centrale (SNC) dell'attività autonomica periferica. Le fibre simpatiche innervano la maggior parte delle parti del cuore.

Le fibre postgangliari rilasciano norepinefrina, che interagisce con i recettori cardiaci beta 1- adrenergici, per aumentare la permeabilità a Na+ e Ca2+, portando così ad un aumento dell'eccitabilità, della conduzione e della contrattilità. Le fibre vagali postgangliari parasimpatiche rilasciano localmente acetilcolina. La stimolazione vagale dei recettori muscarinici diminuisce principalmente l'eccitabilità degli atri, e rallenta la conduzione dell'impulso nei ventricoli, fino a un blocco completo della trasmissione nel nodo atrioventricolare, con modesti effetti diretti sulla contrattilità.

10.2.1 Bloccanti beta-adrenergici (BB)

I BB inibiscono competitivamente vari recettori β-adrenergici. E possono causare nei soggetti predisposti una bradicardia sinusale. Gravi aritmie derivano dall'avvelenamento da composti puramente anticolinergici, specialmente in pazienti con sottostante cardiopatia ischemica (per esempio tachicardia atriale). Nel sovradosaggio acuto di BB, gli effetti più pronunciati sono bradicardia (dalla diminuzione della funzione del nodo senoatriale), vari gradi di blocco atrioventricolare e ipotensione. L'inibizione del sistema di conduzione causa più comunemente il blocco atrioventricolare di primo grado, ma livelli più alti di tossicità possono promuovere il blocco atrioventricolare di secondo e terzo grado, ritmi giunzionali e ritardi di conduzione intraventricolare.

Tre beta-bloccanti sono noti per prolungare gli intervalli QTc: Sotalolo, Propranololo e Acebutololo. Il Sotalolo blocca i canali K+, prolungando così il potenziale d'azione e la durata della ripolarizzazione. Il prolungamento dell'intervallo QTc predispone il paziente a tachiaritmie ventricolari, che sono state descritte sia dopo il sovradosaggio di Sotalolo che dopo la somministrazione terapeutica. Il sovradosaggio di propranololo ha causato in rare occasioni prolungamento del QT.

Questi farmaci sono usati per la loro azione antipertensiva, spiegata dagli effetti agonisti alfa 2-adrenergici centrali e periferici. In caso di sovradosaggio acuto causano cambiamenti ECG, insieme a ipotensione e insufficienza cardiaca. Arresti cardiaci sono stati descritti in adulti con avvelenamento da clonidina. I decongestionanti da banco contengono comunemente derivati dell'imidazolina (nazolina, tetraidrozolina, ossimetazolina e xilometazolina), e possono causare tossicità sistemica dopo esposizione topica o ingestione, con effetti simpaticolitici, come bradiaritmie e ipotensione, legati alla stimolazione centrale dei recettori alfa 2-adrenergici e imidazolina.

10.2.2 Tossicità simpaticomimetica

L'iperattività simpatica può essere causata da una serie di farmaci e tossine come le droghe illecite e i solventi idrocarburici, ma anche dalle sindromi da astinenza da farmaci sedativi. I tipici cambiamenti ECG sono tachicardia sinusale e atriale, e occasionalmente disritmie ventricolari (in esposizioni massicce). La tachicardia sinusale può essere la prima manifestazione dell'esposizione a un simpaticomimetico.

Sia come risultato di un eccesso di catecolamine circolanti osservato con la cocaina e simpaticomimetici, o sensibilizzazione miocardica secondaria a idrocarburi alogenati o ormone tiroideo, o aumentata attività del secondo messaggero secondaria alla teofillina, gli effetti ionotropi e cronotropi estremi causano aritmie.

La ripolarizzazione alterata, l'aumento delle concentrazioni intracellulari di Ca2+ o l'ischemia miocardica possono causare la aritmia. Inoltre, la cocaina che produce ischemia miocardica focale, può portare ad aritmie ventricolari maligne. In dosi elevate, insieme alla sua potente azione simpaticomimetica, la cocaina blocca i canali Na+ veloci nel miocardio, con una depressione della depolarizzazione e un rallentamento della velocità di conduzione, che si manifesta sull'ECG con intervalli PR, QRS e QT prolungati.

10.2.3 Tossicità anticolinergica

Ci sono numerosi e vari farmaci anticolinergici e tossine che possono essere ingeriti e produrre anomalie ECG (Antistaminici, Antidepressivi triciclici, Antipsicotici, alcune piante e funghi tossici).

Essi causano nella maggior parte dei casi tachicardia sinusale. Gravi aritmie derivano dall'avvelenamento da composti puramente anticolinergici, specialmente in pazienti con sottostante cardiopatia ischemica (per esempio tachicardia atriale e battiti prematuri ventricolari). L'atropina, per esempio, aumenta la domanda di ossigeno del miocardio secondaria alla tachicardia, e può portare a fibrillazione in pazienti dopo un infarto miocardico.

10.2.4 Prodotti naturali

Molti prodotti naturali e tossine hanno effetti cardiovascolari, che portano a cambiamenti ECG. Le manifestazioni cliniche e istologiche miocardiche della puntura di scorpione assomigliano a quelle dell'infusione di catecolamina. L'infarto miocardico è stato documentato nell'avvelenamento da scorpione con un meccanismo fisiopatologico che coinvolge il miocardio.

Nella patogenesi della sindrome clinica prodotta da morsi di vedova nera è stato suggerito di essere coinvolto anche un eccesso di catecolamine, mentre nei pazienti colpiti da punture di imenotteri, l'istamina gioca un ruolo nella patogenesi.

L'avvelenamento da pesce ha molteplici meccanismi patogenetici, a seconda della tossina coinvolta. Alcune di queste tossine sono stabili al calore, quindi non influenzate dalla cottura e dall'acido gastrico, mentre altre producono l'avvelenamento a causa di una manipolazione impropria del pesce.

L'avvelenamento da aconito deriva dagli alcaloidi contenuti nei tè e nelle erbe, che non vengono bolliti abbastanza prima dell'ingestione, come l'aconitina e la mesaconitina. L'aconitina ha proprietà di legare i canali Na+ (mantenendoli in posizione aperta), che spiegano, in parte, la sua tossicità neurologica e cardiovascolare (effetti cardiodepressivi).

La stimolazione vagale è anche coinvolta nella patogenesi dell'avvelenamento da aconitina. L'aconitina ha una propensione a causare post-depolarizzazioni precoci e ritardate nei miociti ventricolari che possono essere dovute all'aumento di Ca2+ e Na+ intracellulari.

10.2.5 Droghe d'abuso

Alcune delle droghe più comunemente abusate sono alcol, nicotina, marijuana, anfetamine, cocaina, alcaloidi dell'oppio e oppioidi sintetici, gamma-idrossibutirrato, 3,4-metilendioxi-metanfetamina (MDMA, ecstasy), e fenciclidina. L'abuso di droghe può portare a danni agli organi, dipendenza e modelli di comportamento disturbati.

Alcune droghe illecite, come l'eroina, la dietilamide dell'acido lisergico e il cloridrato di fenciclidina, non hanno alcun effetto terapeutico riconosciuto negli esseri umani. La tossicità cardiovascolare delle droghe illecite si basa su molteplici meccanismi fisiopatologici.

L'amfetamina e le droghe correlate attivano il sistema nervoso simpatico attraverso la stimolazione del sistema nervoso centrale, il rilascio periferico di catecolamine, l'inibizione della ricaptazione neuronale delle catecolamine e l'inibizione della monoammina ossidasi.

La cocaina è una delle droghe d'abuso più popolari. Rapidamente dopo il fumo o l'iniezione endovenosa (mediata dall'iperattività simpatica) appaiono segni cardiovascolari di tossicità. Lo spasmo delle arterie coronarie e/o la trombosi possono provocare un infarto miocardico, anche in pazienti senza malattia coronarica. Il dolore al petto con evidenza elettrocardiografica di ischemia o infarto in una persona giovane e altrimenti sana suggerisce l'uso di cocaina. A basse dosi, si verificano bradicardia sinusale e ritmi ectopici, sulla base delle proprietà anestetiche locali della cocaina e dei suoi effetti sulle catecolamine. Ad alte dosi, la cocaina produce un blocco diretto dei canali Na+ e K+. Una maggiore stimolazione simpatica aumenterà il Ca2+ intracellulare nelle cellule miocardiche, e aumenterà l'automaticità, portando a postdepolarizzazioni e ritmi ectopici.

Il cannabinoide delta 9-tetraidrocannabinolo (THC) è il principale costituente psicoattivo della Cannabis (la marijuana consiste nelle foglie e nelle parti fiorite della pianta). La tossicità cardiovascolare è legata alla dose e si spiega con la stimolazione del sistema nervoso autonomo, coinvolgendo sia le vie parasimpatiche che quelle simpatiche. Gli effetti tendono ad essere più gravi in pazienti con preesistente patologia cardiovascolare (per esempio, è stato segnalato un aumento importante del rischio di infarto a livello del miocardio nell'ora successiva all'uso di marijuana).

Gli oppiacei sono un gruppo di composti naturali derivati dal succo del papavero Papaver somniferum. Il termine oppioide si riferisce a questi e ad altri derivati dell'oppio naturale (per esempio, morfina, eroina, codeina e idrocodone) così come ai nuovi analoghi oppiacei totalmente sintetici (per esempio, fentanyl, butorfanolo, meperidina, metadone e propoxifene).

In generale, gli oppioidi condividono la capacità di stimolare un certo numero di recettori specifici degli oppiacei nel SNC. Con un sovradosaggio lieve o moderato, la frequenza del polso è diminuita. Una cardiotossicità simile a quella osservata con gli antidepressivi triciclici e la chinidina può verificarsi in pazienti con grave intossicazione da propoxifene. La tossicità dell'eroina è associata a cambiamenti ECG, come anomalie non specifiche dell'onda ST/T, blocco atrioventricolare di primo grado, fibrillazione atriale, intervalli QTc prolungati e disritmie ventricolari. Nella patogenesi di questi risultati cardiovascolari contribuiscono i disordini elettrolitici e metabolici, l'ipossia o gli adulteranti (per esempio il chinino) presenti nelle droghe di strada.

L'ECG è una preziosa fonte di informazioni nei pazienti avvelenati e ha il potenziale per migliorare e indirizzare la loro cura. Sebbene sembri ovvio che un ECG sia necessario dopo l'esposizione a un farmaco usato per indicazioni cardiovascolari, molti farmaci che non hanno effetti cardiovascolari evidenti da un dosaggio terapeutico diventano cardiotossici in caso di sovradosaggio.

CONCLUSIONI

Abbiamo visto quanto l'utilizzo di uno strumento come l'ECG sia di fondamentale aiuto nella pratica medica quotidiana per far fronte sia a situazioni patologiche gravi sia a condizioni di routine.

Sebbene la conoscenza e lo studio della struttura e della funzione cardiaca siano necessarie e imprescindibili all'uso dell'ECG come presidio medico, un'esposizione sintetica e semplificata delle componenti principali di questo strumento di diagnosi, possono aiutarci a comprendere meglio gli esiti dei referti e delle visite.

È infatti importante sottolineare come l'intento di questo libro non sia affatto quello di sostituirsi agli esperti del settore, improvvisandosi medici e facendo diagnosi o autodiagnosi. Questo libro vuole essere piuttosto uno strumento di supporto che, permettendoci di identificare potenziali anomalie o alterazioni ci motivi e ci spinga, a ricercare un consulto di uno specialista il prima possibile, per arrivare verso una diagnosi precoce con un alto margine di guarigione.

La conoscenza è molto importante ed altresì fondamentale riuscire a comprendere sé stessi e tutti quei segnali che il corpo in un modo o nell'altro ci invia, gli strumenti di diagnosi sono preziosi ma da soli non bastano ci vuole un'attenzione in più se vogliamo mantenerci in salute il più possibile.

A livello di prevenzione è bene seguire dei semplici consigli che riguardano;

- Gli esami per controllare il colesterolo e la pressione
- Evitare il fumo e gli alimenti che contengono i grassi "dannosi", siccome non tutti i grassi sono uguali scegliamo quelli buoni per non appesantire il corpo e giocarci la salute
- L'alimentazione dev'essere il più possibile sana ed è bene che si faccia un po' di attività fisica, la sedentarietà unita alle cattive abitudini non fanno per niente bene al cuore
- Inoltre, anche l'acqua riveste un'importanza degna di nota perché permette di mantenere il sangue fluido
- Un altro elemento importante è il sonno, chi dorme poco o male corre un rischio maggiore di sviluppare delle malattie a carico del cuore. Quando dormiamo la pressione si abbassa e il cuore ne beneficia

Oltre agli elementi elencati sopra è necessario ridurre il più possibile lo stress, se questo assume una forma cronica corriamo il rischio di sviluppare delle patologie cardiache, questo si deve ai livelli alti di cortisolo nel sangue, definito anche come l'ormone dello stress. Durante la giornata è bene trovare un proprio equilibrio in funzione di un maggiore benessere.

È importante conoscere anche la storia della nostra famiglia, soprattutto per quanto riguarda le patologie croniche o ereditarie che si sono manifestate nei parenti più prossimi. La prevenzione è la più grande arma a nostra disposizione, infatti, è bene considerare che i danni causati dallo stress o dalle cattive abitudini non si manifestano velocemente, ma nel corso degli anni.

Se ci si conosce meglio è possibile sviluppare con il proprio medico un adeguata strategia terapeutica che comprende anche esami specifici che vanno ad osservare alcuni aspetti del cuore e della nostra salute in generale. Tutto inizia sempre da una visita cardiologica in modo da poter approfondire la buona funzionalità del cuore, con esami specifici o più generali.

Se ascolti e conosci il tuo cuore sei sulla strada giusta, sempre. Nella speranza che questo mio lavoro di approfondimento ti sia risultato utile e formativo ti invito ad una maggiore coscienza sull'aspetto preventivo della medicina, che non dev'essere vista solo come un punto finale quando si avverte un sintomo, spesso quando questo avviene è già in essere una patologia, oggi con gli strumenti che abbiamo a disposizione è possibile comprendere meglio e in maniera specifica il nostro stato di salute.

Il cuore è importante perché è il motore della nostra vita!